①農作物を加工し、ファームショップやレストランを経営するボーア農場。
②固有種の豚は餌を探しながら硬い鼻で土を耕してくれる。重要な労働力だ。

③池は敷地内の湧き水を利用してつくった。たくさんの生き物が集う大事な水辺。
④年に一度牧草を刈り、家畜の冬の食糧にする。夏は牛の放牧も引き受ける。
⑤畑は月のリズムで種まき、植苗、収穫をする。だから作業に急かされることがない。

⑥農場には国内外から見学者が訪れる。　⑦春に咲くリンゴは、実ると加工食品にして楽しめる。
⑧人の手で耕す。小規模農業だから、化石燃料で動く耕運機に頼る必要はない。
⑨動物たちは放し飼い。害虫は餌になる。　⑩加工品を販売することで通年安定した収入が得られる。

⑪収穫したライ麦と100年前の窯でパンを焼く。有機製法による食品を扱う自給自足の原点だ。
⑫堆肥と原生岩、木灰で、熱帯雨林の肥沃な黒土テラ・プレタも手づくりできる。
⑬上空から見たボーア農場。

自然を楽しんで稼ぐ小さな農業

畑はミミズと豚が耕す

マルクス・ボクナー［著］ シドラ房子［訳］

Markus Bogner Fusako Sidler

築地書館

Markus Bogner
Selbst denken, selbst machen, selbst versorgen

Japanese Translation by Fusako Sidler
Published in Japan by Tsukiji-Shokan Publishing Co., Ltd., Tokyo

プロローグに代えて

春の一日——種まきと植えつけから始まる

何もなければ
何も生じない
天空と大地で
このふたつのこと
ひとつは〝する〟、もうひとつは〝なる〟
——ライガースフェルトのダニエル・セプコ（ドイツの詩人）

五月のある水曜日。妻と子どもたちとともに朝食をとる前に動物たちのようすを見にいく。戸外に出たとき目に入るものに圧倒されるのは、ほとんど毎日のことだ。

まずは、たくさんのハーブと花のある庭。この時間には、植物はすっかり朝露に覆われているけれど、朝日が射し込むとまもなく露は消え、いいにおいを放散し始める。その先には牧草地と池、円形の野菜畑と耕作地がある。耕作地は小さいが、これのおかげで今朝目覚めてからずっとひどい筋肉痛に悩まされている。けれども、こうして耕作地を眺めながら、きのう植えたジャガイモが秋には豊かな実りをもたらしてくれるだろうと思うと、筋肉痛のことなんてほとんど忘れてしまう。

庭の向こうにテーゲルン湖の一部が見え、対岸は連山のすぐふもとになっている。テーゲルン湖山脈のパノラマは、うちの玄関先から見渡すことができる。すでに朝日を受けて輝いている山頂もあれば、最初の光を待っているものもある。この時間は一種独特の静けさに満ちている。この静けさ、一日のまっさらな状態のにおいが感じられる、と錯覚することもある。そんなとき、じつはそれほど静かではないことに気がつく。数百、いや、おそらく数千を超える鳥たちによる朝のコンサート。鳥類の男性たちは、最高に美しい歌声でメス鳥に取り入ろうとしている。

カッコウの声を再び耳にしたのは一週間前。数年前から毎年やってくるカッコウに違いなかった。うちのカッコウは吃音があるので、たくさんの鳥のなかからでもその声は聞き分けられると思う。今年、カッコウ家族は越冬地から戻ってくるのが遅かった。遅すぎでなければばいいのだが。ほかの渡り鳥が帰ってくるのは比較的早かったから、カッコウのメスが卵を産むのに適した場所が見つかってほしいものだ。

僕は家畜小屋に行き、まず鶏小屋の窓を開ける。鶏たちは待ってましたとばかりに戸外に走り出て、二羽の雄鶏がお礼の代わりに威勢のいい鳴き声をあげた。インディアン・ランナー種のアヒルも外に出て、まず池で水浴びしてからすぐにカタツムリ狩りを始めた。カタツムリは目下のところ彼らの大事な食糧だ。毎日のように卵を産むアヒルたちに、カタツムリは良質のタンパク質とカルシウムを提供してくれる。そのあとからゆっくりと池に向かうのは、子連れのガチョウ夫婦。誇り高き三児の親だ。七月には三〇羽以上の養子をもらうことになる。それまでは自由放牧だが、その後は牧草地の囲いのなかでの生活に慣れなくてはならない。

僕が次にするべきことは、豚、牛、鶏、馬のようすを確認すること。十分な飲み水があるか、囲いはきちんとしているか、といったことをチェックしてしまえば、コーヒーと朝食にありつける。子猫の世話は、子どもたちの登校前の日課なので、僕は何もすることがない。親猫もかわいがられて嬉しそうだ。

けれども、ゆっくりと朝食をとっている時間はない。寒の戻り――この地域では、五月でも相当に気温が下がることがある――が去ったいま、庭や耕作地の仕事は最高に忙しい。数週間前から温室または屋内で栽培してきた苗を、戸外の庭に植えなければならない。ほっそりとした若苗が最後の夜霜や思いがけない降雪にやられる可能性は、日を追うごとに減っていく。

きのうおよび今日の午後三時まではいわゆる根の日で、それから実の日に移行する。うちはデメーター（有機農業組合）加盟農家ではないけれど、惑星の星位を調べて、仕事の大部分をマリア・トゥーンの種まきカレンダー（ルドルフ・シュタイナーによって提唱されたバイオダイナミック農法を研究して作成された、天体の運行によって種まきや収穫の時期を見る暦）に従っておこなうようにしている。とくに重要なのは、植物および土壌におよぼす月の影響だ。根の日は、ニンジン、ビーツ、ジャガイモなど、根っこが中心となる植物に適した日だし、実の

水を引き、自分でつくった庭先の池

日はトマト、キュウリ、メロン、ズッキーニ、カボチャなど、果実を食用とする植物に適した日といえる。

そこで、きのうと今日の午後三時までにはニンジンの種をまき、そのあとは冬のあいだ砂箱に貯蔵しておいたニンジンを野菜畑に植えた。つまり、去年の秋に収穫したニンジンを再び土に埋めたということだ。こうした仕事をするたびに、野菜の栽培について何の知識もないやつと思う人間もいるのではないか、と考えてしまう。だが、理由はいたって簡単で、食用に栽培するわけではない。ニンジンは二年目に初めて花をつけ、そこから来年の種まきに必要な種子が得られる。種子はいわばニンジンの果実なので、果実を収穫するほかの植物と同様に実の日である今日の午後と翌日に植える。果実を食用とする植物にしろ、果実を種子として次の種まきに使う植物にしろ、同じことがいえる。

実の日、根の日のほかには、葉の日と花の日がある。葉の日にはキャベツ、レタス、ホウレンソウ、パセリなどに最適だし、花の日にはすべての花のほか、ブロッコリーや数種の油糧種子に適している。

惑星の星位によっては無為に適する日もあるので、僕らはそれにも従っている。月のリズムで種まき、植苗、収穫などをしていると、ときどき皮肉なコメントをされることもある。それでも種まきカレンダーのおかげで、一度にたくさんの仕事を片づけなければ、という気持ちにならなくてすむ。というのも、とくにこの季節にはあらゆる植物を戸外に植えなければならないので、仕事は山のようにあるからだ。けれども、今日問題となるのは実の日の対象植物だけなので、仕事の山はかなり小さくなる。

とはいえ、時間的にはちょっときつい。明日も実の日ではあるけれど、ファームショップの準備をしなければならないから。早朝にパンを焼き、店内を整え、ケーキ類を焼き、パン用のスプレッドをつくる。毎週木曜の午後二時以降にお客さんが店を訪れて、僕らが数時間ないし数日、あるいは数カ月かけて用意したり調理したりしたものを購入していく。

子どもたちが帰ってきていっしょに昼食をとるまでに、ニンジンの種まきはかなり進んだ。うちの野菜畑では大部分が手仕事だ。ニンジンの種まきも純粋な手仕事で、まずは土を盛り上げて畝《うね》をつくり、小さな溝に種を置いてからすぐに土をかぶせる。ここ数日雨が降っていないので、ふだんは重い土がかさかさになっている。種まきが数列すむと、列間の土をマルチングする。マルチングとは、土に覆いをすることで、うちでは干し草を使う。それにより土壌の乾燥や浸食を防ぎ、大部分の雑草は芽生えとともに除去される。こうした仕事をするにあたって、家族揃っての食事はとても大きな意味を持つ。定時にとる休憩であるとともに、情報交換とコミュニケーションの場でもあるからだ。

昼食がすむと再び仕事を続け、残ったものをすべて植える。ガチョウやアヒルや牛たちの注意深い視線を受けながら。ときどき、鶏卵を保温中の孵卵器がすごく気になる。今日小さなヒヨコたちが生まれた。狭い殻を破って出てくるところを見るたびに感銘を受ける。黄色い産毛が乾燥すると、この小さな生物が数分前まで殻のなかに入っていたとは想像できないほどだ。

夕方に仕事は終わり、植物はみな庭や温室のそれぞれが属する場所におさまった。いまや、この仕事が秋まで豊かな実りをもたらしてくれることを願うばかりだ。じつのところ、実の日は果樹の剪定にもすごく適していて、とくにリンゴやナシの木にいい。花が咲き終わった直後の果実がまだ微小なうちに切るのがいちばんいいと僕は考えている。果樹の剪定というテーマを扱った書物の大部分は、冬に剪定することをすすめているが、その反応として果樹はたくさんの新しい枝を出す。花が咲き終わってから剪定すれば、樹木の力は果実に集中される。けれども、今日はどのみちそのための時間はない。

池のほとりのベンチで妻とともにコーヒーを飲みながら、一日の仕事を眺める。それから、つかのま体力を集中させて、明日のパン焼きデーにそなえてパン生地の準備をする。うちのパン生地の多くは夜の冷気のなかで〝発酵〟する。それにより、とくにライ麦パンのような重い生地でも消化しやすくなる。午後六時ごろに生地の準備は終わり、パン焼き窯に薪をくべる。午前二時から三時のあいだに火を熾《おこ》すと、六時に最初のパンを焼くとき最適の温度になる。

農場ではたくさんの種類の作物を育てる

一日の始まりと同じく、家畜小屋で一日は終わる。ガチョウ、アヒル、鶏たちが自主的に小屋に戻ってくるのは、動物たちの僕らへの日々の信頼証明のように思われる。ガチョウは遠くまで飛ぶことができるのに、毎日小屋に戻ってくる。おそらく、ここならキツネなどの天敵に襲われることはないと知っているのだろう。いまの僕の仕事は、小屋のなかの動物たちの世話。鶏とガチョウに餌をやり、鶏の巣から卵を集め、ヒヨコたちのようすを見る。すでにかえったのは一八羽だが、数時間以内にその数は増えるだろう。この小さな生物は、最初の数日間は餌や水を必要としない。殻から出る前に卵黄嚢を吸収するので、その栄養で四八時間もつからだ。

戸外では豚に餌を与える仕事が残っている。豚は牧草地で食物をとるので、ほんとうは餌をやる必要はない。けれども、古くなったパン、サラダの屑、野菜や果物の残りをいくらか与えることにより、僕が呼ぶとすぐに駆け寄ってくるようになる。行ってはいけない場所に行ってしまった場合などには、少量の餌によるトレーニングがとても役に立つ。あとは牛と馬のようすを見て、フェンスの状態を確認したら、今日の仕事は終わる。

適度な気温であれば、その後の時間を戸外で過ごす。自然を心に反映させながら……農民である僕らがそれなりに影響を与えた景色を……。これも一種の収穫といえるだろう。

目次

第10章　増加を求めず満足する——これまでのやりかたから新しいやりかたへ　133

第11章　変化のための共通の道　156

第1章
グッドライフとは？——ボーア農場をはじめた理由

自分の思考に注意すること。
それは自分の言葉となるから。
自分の言葉に注意すること。
それは自分の行為となるから。
自分の行為に注意すること。
それは自分の習慣となるから。
自分の習慣に注意すること。
それは自分の性質となるから。
自分の性質に注意すること。
それは自分の運命となるから。

——バビロンの『タルムード』より

農場におけるこのような春の一日は、僕にとっても家族にとっても心の癒やしといえる。自然のなかに存在し、動植物が成長するのを眺め、ちっぽけな種子から生命の糧が生成されていくのを観察する時間を持つ……単純だけど、将来的意味の大きい〝行為〟。農場における僕らの生活を、読者の方々にもっと詳しく知っていただけることを嬉しく思う。なぜなら、僕と家族にとってこれが想像できる限り最良の生活だから。

けれども、まずは自己紹介したい。僕の名はマルクス・ボクナー。伝統ではなく情熱に従う農場経営者だ。妻マリアおよび三人の子どもたちとともに、テーゲルン湖畔（ドイツ南部、バイエルン州）の農場で有機農法を営んでいる。

一九七四年にミュンヘンで生まれた僕は、統計によると地球における三九億八一一七万二四九人目の人間ということになる。六歳のときに都会での生活をやめて両親のいるヴェスリンクに移った。スターンベルガー湖、アマー湖、ミュンヘンのあいだにある小さなコミュニティー。こうして僕の片田舎におけるキャリアが始まり、それはいまも続いている。

母は出版社の編集者だが、当時のドイツでは、この職種はほぼ男性に占められていた。父は信念を持つ銀行家。「銀行に勤務するサラリーマン」も、当時は「銀行家」と呼ばれていた。父の肩書は事務長。ほんとうの事務長ではないにもかかわらず、この肩書は当時の身分関係を語っている。

当時のヴェスリンクは農村の性質が濃く、牛乳、卵、ジャガイモなどは直接農家から購入していた。それはほんとうに自然なことだった。靴は靴屋、パンはパン屋、肉やソーセージは肉屋、それ以外の品物は品揃えの豊富ないわゆる〝エマおばさんの店〟で買う。ガソリンスタンドに行くのは給油するときだけ。けれども、ヴェスリンクはミュンヘンに近いため、農村色の濃い村落構造は過去数十年間でほとんど失われた。

僕が両親の職業を選ばないことは、すでに子どものころからはっきりしていた。ネクタイをすると考えただけで息苦しく感じた。職人仕事に心惹かれることが多かったので、電子工学を勉強することに決めた。

職業訓練を終えると、兵役の代わりの代替役として救急隊員の任務を果たした。代替役が終了に近づいたころ、心の声に強制はされなかったが、疑問を投げかけられた。幸福にしてくれるのは身につけた職業か、それとも救急隊員の仕事か、と。代替役が終了したら電子工学技士の仕事に戻るべきだ、と理性は告げていたが、感情の声はそれとは違っていた。そこで、その後一〇年間にわたり救急隊員としての任務を続けた。とても充実した仕事だった。大勢の人と知り合ったが、その大部分は僕と出会うとき非常事態に置かれている。本人または家族が病気か負傷を負った状態で、死もまれではない。

そのような出会いは、僕にとっていつもほんとうに特別なものだった。ほとんどの場合、独特な正直さに彩られている。ただし、救急隊員として出会い、集中的な会話をかわす人たちとは、知り合ってまもなく別れ、たいていは再び会うこともない。瞬間的な正直さの基礎はおそらくそこにあるのだろう。短い集中的な会話のなかで、人々の不安や困窮についてたくさんのことを耳にしたが、人々の感じる欠乏とは物資の欠乏ではない、と当時すでに確信していた。日々いたるところで物資の欠乏が暗示されているとしても。

一九九八年、二四歳のときに将来の妻と知り合った。僕の村よりさらに小さな村に住む彼女は、農家の出身で、両親の経営する酪農場はすでに彼女の兄に受け継がれていた。乳牛五〇頭を擁する従来農法の酪農場は、当時では近代的な大農場といえた。もっともオーバーバイエルン地方ではそうだが、ほかの州では乳牛数百頭の酪農場もまれではなかった。

高山牧場から見た文明社会

僕と知り合ってからまもなく、妻は習得した租税コンサルタント助手の職業には就かずに、ひと夏を標高の高い場所につくられた高山牧場で働くことに決めた。その夏は、僕も彼女への愛のために何度も牧場を訪れたが、そこは数十年前からまったく変わっていないらしく、電気も電話も温水設備もない。携帯電話がつながる場所まで五キロメートルはある。かまどに薪をくべて調理し、夜はキャンドルの光を使うけれども、ロマンチックな雰囲気を出すためばかりではない。乳牛や仔牛、鶏や豚といった動物と隣り合わせの生活。自然とともに生き、自然から糧を得る生活。簡潔に表現するなら、することがものすごくたくさんあって、個人的快適さを最小限まで切り詰めた生活だ。そこには、いまの僕が〝グッドライフ〟と呼ぶ要素がすでにたくさん含まれていた。

高山牧場の世界と、テクノロジーやコンフォートや消費があたりまえの下界とを行ったり来たりするうちに、それまで〝通常〟と受け止めていたもろもろのことについて考えるようになった。じっくりと眺めると、不意にいくつかのことがそれほど〝通常〟と思えなくなった。そこで、自分の生活全体に疑問を投げかけることにした。どれだけのものを所有し、利用しているか？　どれだけの仕事をしているか？　まるで決められたことのように、うまく機能させるためのルールについて疑問を抱くこともなく毎日くり返している〝儀式〟はどのくらいあるだろうか？

僕は次の二夏を妻とともに同じ牧場で過ごし、翌年は

庭先で牧草を集める著者

長女が、その次の年には二人目の娘がそこに加わった。

牧場でひと夏を過ごしたあとは、〝文明社会〟なるものに戻ることになる。そして、そのたびに自分の人生についていっそう深く考えさせられた。子どもが生まれると、人生に対する疑問ははるかに切迫したものとなった。絡み合う疑問のなかにますます深くはまっていくが、最初のうち答えはほとんど得られない。

こうした疑問は僕らを駆り立て、その一部は現在も僕らの頭を悩ませ続けている。だが、幸いなことに、すべての疑問に対する答えは一つだけ、つまり〝行動〟することだった。

こうして牧場で夏を過ごすうちに、救急隊員としての職業に戻ることを思うと違和感を覚えるようになっていった。こうすれば患者たちのためになるだろうという僕の考えと、わが国の医療制度が患者に提供するものとのあいだの矛盾がしだいに大きくなるように感じられた。

毎回文明ショックを受けることなく高山牧場での一〇〇日間のような生活を送ること……それが僕らの夢だった。自分たちの気持ちに注意を向け、心の声に耳を傾けると、進むべき道は間違っていない、という感情がわいてきた。

〝孫の代〟を見据えた農業

テーゲルン湖畔にある従来農法の小さな酪農場の管理人募集広告を見たとき、このチャンスを利用することにした。僕らが提示できる職業経験といえば夏の高山牧場における経験がほとんどすべてだったが、それでも管理人の職を獲得した。

二〇〇四年、それまで住んでいた家を出て、酪農場運営の仕事を始めた。この仕事を五年間続け、グローバル化した二一世紀のヨーロッパ農業を知ることになるが、この農業は、僕らの観点からは答えを出せないほどたくさんの疑問を投げかけた。こうした疑問に対してクリエイティブな解決策を模索したいところだったが、雇われ管理人の立場ではそれは無理だった。やがて息子が誕生すると、それは切迫した警告として、再度僕らの記憶を呼び覚ました。この世界はじつは子どもや孫から借りたもので、〝孫の代にも機能する〟状態で引き渡すためにもっと積極的に行動しなければならないのだ、ということを。そこで、管理人の仕事を辞めたが、その後どうするべきかについてはわからなかった。

雇用契約書によると、解約予告期間は一二カ月となっている。この期間が始まったとき、一年後にどうやって生計を立てるべきかわからず、ましてやどこに住むことになるのか、見当もつかなかった。それでも、これから進むべき道に対して目や耳を開き、また何よりも心を開くために、そうしなければならないことは明白だった。ここ数年間に啓示されたものに責任を負いたいと思ったからだ。つまり、自然とそこに棲むすべての生物に対して敬意を持って接するということだ。

解約を通知して数週間後、そこからすぐ近くにある美しい古い農場が賃貸に出された。その物件はボーア農場といい、一四九六年に開設された、テーゲルン湖畔最古の農場の一つだった。僕らは二〇〇九年からそこを借りて有機農法を営み始めた。

それ以来、〝グッドライフとは何か?〟という疑問の答えを、小さなすばらしい農場が日々あらたに提示してくれる。

僕らが営むのは微小農場なので、日々新しいことを試み、実験を重ねることができるし、農業は別のやりかたでも機能することを証明もできる。数年を経たいまでは、僕らの農業形態は、〝孫の代にも機能する〟よりよい世界を形成する胚芽を含むチャンスだと確信するようになった。グローバルなレベルで僕らの頭をますます悩ますさまざまな問題に、この小さな農場は解決策を提供してくれる。

僕らの営む農業がどのようなものか、ボーア農場で生産されるのは何か、数多くの疑問に対してこれまでにどのような答えを見つけたか、といったことを、本書をとおして読者のみなさんに伝えられたらと願っている。

家へと続くバラの小道

〈実践マニュアル１〉

農園をやりくりするには

　人生に新しい方向性を与えたいと願う人々に出会うことは多い。自給自足の生活を樹立するために小さな農場を探している人々。僕らのような農場は、どこをどのように探したら見つかるのか、と、何度たずねられたかわからない。だが、どうしたら見つかるのか、僕も知らない。ボーア農場はとくに苦もなく手に入ったからだ。農場を見つける方法はいくらでもあるのではないだろうか。だが、べつに農場でなくてもいいように思う。

　ドイツでは小規模農場が消滅しつつあるため、農場を買い取るのはたやすいと思われがちだが、実際にはそうではない。というのも、放棄された牧草地や耕地はほかの農家が賃貸し、家屋は改築されて住居となるケースが多いからだ。つまり、自給自足プロジェクトの実現にまずいるのは土地で、住居がその真ん中にある必要はない。

　小家族が野菜や果実を自給自足し、冬季用に貯蔵するには、家畜を持たないなら一〇〇〇ないし二〇〇〇平方メートルの庭があれば足りる。鶏数羽を飼うこともできるだろう。

五区画プラン

庭が見つかったら、次の仕事はプランニングだ。それが自分の庭であれば、当然のことながら自由に使える。パーマカルチャーにおい

エリアごとにさまざまな野菜を育てている

ては、土地は五つの区画に分けられる。

第一ゾーン――ハーブ・ガーデンなど、丹念な手入れがいるもの。
第二ゾーン――野菜畑など、それほど丹念に手入れしなくていいもの。
第三ゾーン――果樹など、ときどきようすをみるだけでいいもの。
第四ゾーン――牧草地や森林など、最小限の世話ですむもの。
第五ゾーン――自然のまま、手をつける必要のないもの。霊感と瞑想の場。

　最初のうちは第五ゾーンを大きめにとることをおすすめしたい。最初に負担がかかりすぎると、意欲をなくす最大の原因となりかねない。菜園を少しずつ拡大し、それとともに自分も成長すると考えればいい。

内側の丹念な手入れが必要な第１ゾーンから、自然をそのまま残す第５ゾーンまで土地を分けて使う

第2章 現在の農業はどのように機能しているか――規模拡大か消滅か

あなたがこの世界に望む変化に、あなた自身がなること。

――マハトマ・ガンジー

一八七二年、ミュンヘンの鋳金師フェルディナント・フォン・ミラーは、テーゲルン湖北岸に位置する村落ホルツにあるボーア農場を購入した。一五世紀に建てられた立派な農場だが、家畜小屋の大きさからみて敷地面積は当時としてもかなり小ぢんまりしたものだった。そのため、フェルディナント・フォン・ミラーは続く数年間に、隣接する農場二つを、所属する牧草地とともに買い取った。全体の管理をボーア農場でおこない、動物は三つの農場に分配した。ボーア農場は、一九六〇年代までミラー家とその子孫により管理された。ほかの二つの敷地は農場ではなくなっていたが、牧草地は引き続き農場に属していた。

一九六六年、ボーア農場は初めて借地農家により管理され、それ以降、農場および周辺の土地の外見は、複数の借地農のアイディアやヴィジョンにより変化してきた。僕らもいま、借地農として同じことをしている。

十分に物があれば、少なすぎることはない

僕らが農業に利用しているのは、農場の敷地の約半分にすぎない。残りの半分は隣りの農家が借りている。もちろんこの部分も借地として提供されたし、当初はこの牧草地も利用したいという誘惑が大きかった。幸いなこ

とに、現在手入れしている牧草地と耕作地だけで十分だということを、僕らはまもなく理解した。

〝十分〟というのは、一つの言葉にすぎない。ドゥーデン独独辞典で意味をみると、「満足のできる度合い」となっている。〝十分〟の反対は〝もっとたくさん（を望むこと）〟であり、その意味は〝満足のできない度合い〟ということになる。〝十分にある〟といえば満足していることだし、〝もっとたくさん〟を望むならば不満足ということになる。このようにみると、〝十分〟と〝もっとたくさん〟という二つの概念の背後には大きく異なる二つの人生観ないし文化があることがわかるだろう。

農場経営を始めたばかりのころ、〝十分〟の裏面とうんざりするほど直面させられた。僕らはさまざまな継続教育セミナーを受講した。すぐれた農場経営者になるためには教育が必要だと考えたからだ。国立農業大学のさまざまなセミナーをとおして僕らが学んだのは、どの雑草にどの農薬が効くか、どうすれば家畜の飼育期間を短縮できるか、牧草地や耕作地の収穫高を高めるにはどうしたらいいか、農場として経済的に機能するために何頭の牛や豚、何羽の鶏が必要か、農家として存続するために何ヘクタールの土地がいるか、といったことだった。

要約すると、この種のセミナーのほとんどがくり返し説いているのは、〝拡大か消滅か〟、つまり、農場を拡大しないなら放棄したほうがいい、ということだった。

できるだけ品質の高い食品を生産するにはどうしたらいいか、ということをセミナーで教わることはなく、大量生産があらゆることの尺度だった。古い品種の野菜や果物の栽培は利潤をもたらさないと教わったが、古い品種こそ濃い味があるとは教わらなかったし、新しい交配種では農薬によって防ぐしかない病気に対して、古い品種は自然の抵抗力があることも学ばなかった。

集中的な耕作により過分に失われたものを、化学肥料の使用により土壌に返すことができると教わったけれども、土壌に対する理解は教わらなかった。土はどのように機能しているか、ひとつかみの土のなかにどれだけの生命が存在するか、またはそこでどのような生命プロセスや生存プロセスがおこなわれているか、といったことは教わらなかった。集中的に耕作しながら土壌を疲弊させないばかりか、肥えさせることもできるということも。一センチメートルの土を構築するのに一〇〇年かかることは教わったが、不適切に耕作すれば同じ量の土がたった一年で失われるということは教わらなかった。くり返し聞かされたのは、拡大か消滅か、という決まり文句。世界に食糧を供給し、食糧難をなくすためには大量生産が必須、ということ。

食糧難と第三世界

　農家である僕の任務は世界に食糧を供給することなので、食糧難というテーマに取り組まなくてはならない。微小農家である僕がいえば不遜に聞こえるかもしれないが、僕一人で取り組むわけではない。第一に妻と子どもたちがいるし、第二に数百万の農民が同じ課題を担っている。地球上に住む人間を養っているのは、すべての農民による共同体なのだ。僕の考えによると、自分の手でわずかの土地を耕し、食糧の生産に貢献している人すべてが、ここでいう農民に含まれる。そのため、世界中の農民は、世界人口を養うという共通の主要任務を持っている。

　ところが、この任務は完全に満足のいくように果たされておらず、餓死者や、慢性栄養失調に苦しむ人々が一〇億人近くもいる。農民共同体が世界人口を養えないのはなぜだろう？　障害はどこにあるのか？

　こうした疑問への答えに、本書のなかでアプローチしたい。さらに、解決策も提案するつもりだ。というのも、力を合わせれば別の形態の農業に道を拓き、さらには食糧難を克服することができると確信しているからだ。力を合わせて、といっても、世界中の農家とではなく、あなたと僕の二人で実現できるということだ。あなたが農家であろうとなかろうと、そんなことはかまわない。

　けれどもその前に、従来農法による伝統的な農業システムを一瞥《いちべつ》したい。それにより、政治、科学、大手農関連企業の各サイドの人々が、どのような方法で食糧難問題を解決できると考えているか、示したいからだ。世界最大の人道組織である国連の世界食糧計画（ＷＦＰ）がここで果たす役割は大きい。

　言い添えるなら、ＷＦＰは食糧難を、世界最大の〝解決可能な〟問題と表現している。

　世界は分割されることが多いが、とりわけよく耳にするのは〝第三世界〟という概念だ。当然のことながら第一世界と第二世界があることを暗示している。〝第三世界〟は冷戦時代に由来し、アメリカ合衆国の率いる西側資本主義諸国が自身を第一世界、東側諸国を第二世界とみなした。東西のどちらにも属さない、冷戦中に中立の立場をとった国々は、一九六一年以降にみずから〝第三世界〟という表現を使うようになり、それと並行してアジア諸国やアフリカの貧困諸国が〝第三世界〟と自称するようになったため、この概念はしだいに発展途上国として定着していった。

その後、ブラジルや南アフリカなどの新興工業経済国は第三世界を脱し、貧困度の高い国々は〝第四世界〟のレッテルを貼られるようになる。僕がこんなことを詳述するのは、第一に四つの異なる世界など実際には存在しないからだ。生活様式の違いのためにそんな気がすることがあるとしても。もう一つのもっと重要な理由は、〝第三世界〟と表現すれば、〝第一世界〟に属する僕らは、発展途上国における食糧難や貧困は別世界のできごとだと感じて良心が咎《とが》められないからだ。こうして、僕らの属する第一世界と第三世界の感覚的距離は広がり、世界人口の四分の三が住む発展途上国の生活様式が僕らの生活様式となんらかの関係があるとは考えなくなる。彼らはそのように生きるしかないんだ、という気持ちになる。

それでは、国際農業界のステージにおける俳優はいったい誰なのか？　耕作地や牧草地で監督を務めるのは誰か？　表面的には農家や農場経営者で、それぞれ思いのままに営んでいるように見えるが、じつは背後で糸を操る実力者たちがいる。

農業界の実力者

農業界で農業のやりかたを推奨したり、場合によっては決定したりする実力者は基本的に三グループで、彼らの推奨は産業国ばかりでなく、地球上のあらゆる国に影響を与える。

三つのグループとは、政治、科学、農業ロビーだ。まずは単純に、それぞれが二つの点に着眼する三つの独立したグループを想像してみよう。

新興工業経済地域および発展途上国における食糧難と慢性栄養失調を撲滅しようとする動き――この出発点は三グループすべてに共通している。

もちろんどのグループにもそれぞれの利害がある。大手農関連企業は売上と影響力を確保または拡大したいし、科学界は研究の成果を実践に移したいと願っている。また、国民の代表として選ばれた政治家は、国民の幸福と人間の尊厳、権利と秩序の維持、といったことを代弁し守らなければならない。

こうして三つのグループは共通の問題一つと異なる利害を持ち寄り、話し合って妥協点を見つけようと試みる。疑念があれば、決定権を持つのは政治家だ。国民の代表と科学者と農業ロビーの意見が一致しない場合は、国民に害がおよぶのを立法によって防ぐ役割を政治家は持つ。このようにして、農業界または科学界の利害のせいで全国民の安寧につながらないことは、除去される。

これがただの思考にすぎないことは、すでに書いたとおり。

だが、三グループの実際の位置関係は、こうはならない。

科学研究の分野では、誰が研究費を出すかがつねに重大な意味を持つ。公的資金だけで研究に従事する、しがらみのない科学者の数は数十年前から減少の一途をたどり、農業分野では現在一〇パーセントに満たない。誰が研究費を支払うかということはそれほど重要性がないのではないか、研究結果を左右する事実がそれによって変わるわけではないんだから、と思うかもしれない。けれども、科学は問題志向の研究からしだいに離れ、ますます解決志向に傾いている。では、この二つの違いは何か。

問題志向型研究では、つねに問題を視野に入れながら、なるべく先入観がない状態で解決の可能性を探す。解決志向型研究では、与えられた特定の解決……たとえば新しいスプレー剤とか新しい機械、といったものを研究の出発点とする。科学者はこの枠のなかで、新製品のための具体的な論拠をできるだけたくさん見出さなければならない。仮に問題志向型研究において、スプレー剤を使わずに別の耕作方法をとることで——輪作期間を長くするなど——問題が除去されることが判明すれば、農関連産業にとってありがたい話ではない。彼らの関心事である売上増加につながらないからだ。つまり、誰が研究費を出すかということは、些細な問題ではない。

国民の代表である政治家は、このサークルで最も困難な立場にあるといえる。こうした決定をくだす政治家の

大規模でなくても十分な収穫は得られる

ほとんどは、きちんとした専門教育を受けたわけではないからだ。それでも、政治家は異なる観念を議論にもたらすので、実際にはプラスでもある。とはいえ、政治家は科学者のすすめに従うほかない場合が多い。

最後になったが重要度の高いのが農関連産業のロビーで、ほかの二つの陣営をわりとしっかり掌握している。第一に、農業はドイツをはじめとする産業国においてかなりの雇用を生んでおり、政治家たちはこの論拠に影響されやすい。雇用の創出と維持も、国民の代表である彼らの任務に含まれるからだ。第二に、政治家は科学者による研究成果をよりどころとしているが、科学者はたいてい農業ロビーの依頼で、彼らの利害のために研究をおこなっていることにある。

こうしてじつに微妙な状況が生じる。この位置関係をよくみれば、農業ロビーの提唱する解決法がほぼ確実に通ることは理解できる。

二〇一五年に持ち上がった、世界で最も使用量の多い除草剤グリホサートについての議論を覚えている方も多いだろう。欧州連合（EU）内におけるグリホサート使用許可の期限が近づいたため、更新するかどうか再検討された。このとき科学者は、この強力な除草剤には動植物に重大なダメージを与える数々の副次作用があるばかりか、人体においては発がん性を持つ、という結論に達した。この説は推測にすぎず、証明されたわけではないとして反論する科学者ももちろんいたが、それでもなお予測されたとおりの結果となった。二〇一六年六月二九日、現行の使用許可期限が切れる一日前、グリホサートの使用許可はEU委員会によりさらに一八カ月延長された。この例から、科学と政治と農業ロビーの関係がどのように機能するか、それが農業部門にどう影響するか、といったことがおもしろいほどよくわかる。

消費者の声が聞こえない

経済的に存続可能な農場の規模は最低どのくらいか、ということを推奨する公式のガイドラインがある。採卵鶏の場合、採算がとれるのは三〇〇〇羽以上、乳牛では最低一二〇頭。こうした数値はすべての農業部門に存在し、過去数十年間にたえず変化してきた――高速で一定方向に。つまり、農場を拡張し続けること。製品を特化すること。最良なのは一つの分野に的をしぼり、できるだけ拡大すること。

継続的な農場拡大と特化により、農家と消費者の直接的な接触は完全に絶たれてしまう。マスコミで食品スキャンダルが取り沙汰されると、農家と消費者のあいだに際限のない問答が生じるのも、これで説明がつく。消費者によれば、食品スキャンダルの責任はすべて農家自身にある。なぜなら、たがいに競合し続けて栽培コストをめちゃくちゃにしているのは農家だから、ということだ。だが、農家は農家で、食品スキャンダルの責任は食品への出費を出し惜しみする消費者にある、と応じる。問題のある農家を消費者がサポートするから、業界全体の評判が地に落ちるのだ……と。

真実はこれらのあいだのどこかではなく、ぜんぜん別のところにあると僕は思う。農家と消費者の直接的な接触がなくなってしまったので、意思疎通がまったくおこなわれない。脂肪の多い肉がいいのかそれとも脂肪のない肉がいいのか、大きいズッキーニがほしいのかそれとも小さなズッキーニか、まっすぐなキュウリがいいのか曲がったのがいいのか、大きな鶏と小さな鶏とどっちがいいか、といった希望を消費者が農家に直接伝えることはできなくなった。農家のほうは、個人の望む品質を得るには費用がよけいにかかる、と伝えることができない。コミュニケーションはすべて市場という仲介者をとおしておこなわれる。

農家と消費者のあいだで農作物により収入を得る人々すべてが農業市場に属する。大手スーパー、小売業者、運送業者、包装材製造業者、食肉加工業者、製粉業者、精製業者などがそうだ。彼らは全体として、あるいは個々に、一つないし複数の市場を代表する。市場はつねに需要のあるものを要求し、最高の利益を生むという最大の関心事と合致する場合には、僕ら消費者の希望も考慮する。これ以外に農家が消費者の希望を知ることはない。

こうして、農家はできるだけ低コストで生産するよう強いられ続けることになる。この圧力に持ちこたえるためには、生産規模を拡大して一分野に特化するしかない。

製品ラインにはいくらでも可能性があるのに、補完し合う二つの製造分野が一つの農場に存在することはめったにない。さらに少ないのは、ある製造分野を最初から最後まで一貫しておこなう農場だろう。農業界の主要部門すべてにいえることだが、経済的に存続するために公的機関の教義に従えば、生産工程の一部分だけに特化するしかない。

実際には、一農場で最初から最後まで全工程をおこなうほうが時間もコストも節減できる。野菜の栽培がそのいい例といえる。

実験室の種子——交配種の落とし穴

次のように想像してみよう。農家Aはトマト、パプリカ、キュウリなどの苗を栽培している。つまり、農家Aは種子メーカーから種子を買って土にまき、芽が出て一定の大きさまで育ったら、これを農家Bに売る。農家Bは苗を植えて育て、最終的にできた野菜を収穫して市場に出す。苗の栽培と野菜生産の分担は現在ではすっかり一般的だが、有意義といえるだろうか？　生育した果実は、次世代が育つ種子を含み持っている。農家Aが種子から最終製品である果実まで育てれば、次世代の種子も収穫できるので、種子を購入する必要はない。

ただし、この循環経済における農業市場の有力な〝俳優〟である種子メーカーと農薬メーカーが利益を得られなくなる。農家Aが毎年自家製の種子を使えば、種子は進化のはたらきでその土地の気候や地理的条件にしだいに順応していく。進化の過程でさまざまな病気への耐性が発展するので、農薬は必要なくなるか、少なくとも使用量を減らすことができる。このような循環経済には相乗効果がたっぷりとあるので、使わない手はない。

理論上はそうだが、実際にはこの種子から新たな植物は育たない。というのも、農産業界が特殊なことを思いついたおかげで、近代の農作物はいわゆる交配種から生産されるからだ。

越境にまつわる次のような話を聞いたことがある人もいるかもしれない。ある男が自転車で国境に達した。自転車用バッグにはタバコ一カートンが入っている。税関の役人は書類を確認してから、申告するものはあるか、と質問すると、男は答えた。「タバコ一カートン」。すると役人は「タバコ一カートンは無税。通過してよろしい」と、応じた。この状況は何度もくり返されたようだが、男がそのたびに自転車を密輸していたことに税関の役人は気づかなかった。

交配種の種子といえば、僕はかならずこの話を思い出す。農業において遺伝子工学を利用することの意義については激しい議論が交わされている。ところが、遺伝子組み換えによる種子の弟ともいえる交配種の種子が、その陰に隠れて気づかれずに存在し、音もなくこっそりと蔓延しつつある。人々の関心は、もっぱら遺伝子工学の利用によりもたらされる潜在的危険に向けられている。交配種の開発にはすごく懸念される部分もあるのに、誰もそのことに気づかない。国境の税関の役人が自転車に注意を払わなかったように。

実験室で製造された交配種の種子は、多数の親植物の遺伝情報を持つ。特定の性質を獲得するためにくり返し近親交配をおこなったり、化学薬品により遺伝物質を変化させたりすることもある。そうした性質が望まれる理由は圧倒的に経済的なものだ。果実ができるだけ同時に成熟し、形や大きさの揃っているのが望まれるから。そして、交配種から育った植物は農薬をあまり使わなくてすむ、と農民に請け合う。ところが、大手種子メーカーのほとんどは大手農薬メーカーでもあるので、農薬の使用量は低下するどころか、宣伝文句に反して大幅に上昇したのもうなずける。

交配種の最大の欠陥は、そこから形成される果実の持つ遺伝情報が、親植物のそれとは違っていることだ。数年前までは、農場で栽培された種子は農家の高価な資本だった。最良の果実の種子を採取して次世代に使ったので、種子は土地の土壌にしだいにうまく順応していった。ところが、この循環は交配種の導入によって破られた。毎年あらたに種子を購入しなければならず、農家は大手農関連企業にしだいに依存するようになる。進化は副次的に、しかも無料で品種改良を提供してくれるのに、顧みる人はいない。

交配種の種子をつくるとき近親交配をくり返せば、そこから育つ植物の不結実性が高まる。母なる自然は、効果の高い技術的なメカニズムをいろいろ使って近親交配

農場の庭は、バラをはじめさまざまな花が咲き乱れる

を防いでいる。たとえば、果樹の雌花と雄花は時期をずらして咲き、同じ遺伝物質との受粉——つまり近親交配を避けている。それでも起きてしまった場合、自然は不結実という反応をすることもある。また、遺伝物質を変えるために薬品を使った場合も、植物の不結実性という結果を招く。近親交配により、果実は実らないか、あるいは種子が形成されない。種子メーカーはこの効果をうまくねらい、種なしスイカなどの製造に利用している。

栽培は、スイカの実のなかにたくさん含まれる黒い種子から始まる。種子は化学薬品で処理され、ゲノム内の染色体の数を二二から四四に倍増させる。この新しい種子をまずは増やし、一年後に染色体四四本の種子と染色体二二本の種子をいっしょに栽培すると、新しい種子はその中間、つまり染色体三三本の交配種となる。この種子は不結実で、種なしスイカとなる。いいことだ。種を何度も吐き出さなくてすむのだから……といえるだろうか？

希望する性質と交配種

化学薬品によりゲノムを変えて不結実化した種なしスイカを食べると、自然に反するなんらかの効果があるのではないか、と、考えたことはあるだろうか？

あるいは、これまでにホメオパシー製剤（代替医療）を使ったことはあるだろうか？　アレンスバッハ研究所の調査によると、ドイツ人の六〇パーセントはこれを使用するという。だが、ホメオパシーは古典的な意味の薬品ではない。その効果が科学的に証明されたわけではないからだ。それでも、ドイツ人の六割はこの代替医療にはなんらかの効果があると考えており、僕もその一人だ。

ホメオパシー製剤では、植物、貝殻、金属といった自然の物質を希釈する。基本物質を水で何倍にも薄めて振るので、最終的な製剤のなかに基本物質の存在を証明することはできない。

創始者のサミュエル・ハーネマンによると、希釈することによって「医薬品の内部にある、隠された精神力に似た力」が効果的になるという。基本物質が水に情報を与える、ともいえるだろう。希釈度が高ければ高いほど、水に伝わる情報は密になる。人間が特定の製薬を摂取すれば、この情報はその人に伝わることになる。人体の七〇パーセントは水からなるからだ。

ここで、スイカに加えてさらに別の例をあげよう。食肉用家畜や採卵用の鶏は、まず交配種と考えていい。ここでも、交配種の持つ〝望ましい性質〟は、経済的目標に調整されている。食用の鶏の場合は飼育期間を短縮させることだが、交配種の鶏は二八日で畜殺に十分な体重になる。従来種ではその四倍かかる。この交配種は、自然な満腹感を感じないよう開発されたもので、昼も夜も餌を食べ続けることができるのだ。ただし、育種改良はまだ途上で、鶏の脚が畜殺日まで自身の体重を支えきれず、数日前に倒れてしまう。

ここで、もう一度質問したい。満腹感を取り除かれ、自分の体重を脚で支えきれずに倒れる鶏の肉を食べて、なんらかの不自然な作用があるとは思わないだろうか？　僕はそう思う。利益のために食品の品質や多様性が無視されれば、相当な損害を被るだろう、と。

植物は信じられないほどの多様性を持つのに、残されたのは市場に迎合した少数の種類だけ。古い種類の野菜、果物、穀物は年々姿を消していく。僕らの将来は、食糧を生み出す種子を製造する少数の大手複合企業に握られている。それを、僕らは本当に望んでいるのか？　もう一歩突っ込んで、ほかのやりかたもあるのではないか？

〈実践マニュアル2〉
種子をつくる

〝目に入るのは、知っているものだけ〟というのはヨハン・ヴォルフガング・フォン・ゲーテの言葉だが、野菜や果物の種子についてはほんとうにそのとおりだ。キュウリ一本のなかにある無数の粒が種子なのだと知ったとき、母なる自然が増殖についてじつに多種多様な可能性を考案したことが理解できるのではないだろうか。

トマトにしろ、メロンやカボチャにしろ、たった一個の果実のなかに何百個もの種子が含まれている。それらの一つひとつがあらたに無数の果実を実らせる可能性を持っている。

こうした種子のどれかを植えて実をならせたいと思い、種子栽培についての専門書をひもとけば、その複雑さにすぐにまた閉じてしまうかもしれない。種子のなかには、まず水に浸けて発酵させ、種子を包む保護層を溶かさなければならないものもあれば、種子を得てから数年経たないと豊富な果実が育たないものもある。

けれども、心配はいらない。こうした知識は大事ではあるけれど、専門書にまかせておけばいい。いちばんいい方法は、一つの果実で試してみること。そう、ニンジンとかがいいかもしれない。

自家製ニンジン

最初の仕事は、ニンジンの種類を選ぶこと。黄色、赤、オレンジ色、白……どれでもいいから、おいしいと感じるものを選ぶ。

■種子を選ぶにあたって重要なのは、交配種でないものであること。交配種には「F1」または「○○交配」と記されている（ドイツ国内の現状）。ニンジンを見ても、交配種か固定種かは見分けられない。

■購入した固定種のニンジン種子をまき、生育したおいしい根っこを半年後に収穫する。そのうち六本ないし八本の最も美しいニンジンを春まで保存する。

うちの農場では、根菜を砂箱に保存している。セロリの根、ビーツ、カブ、ニンジンなど、食用のものも含めてすべて。

■根菜の越冬。

ニンジンの茎をねじ切り、根っ

交配種ではない固定種のニンジンから、種子用のニンジンをつくる

この部分を木箱に入れて砂をかける。木箱を冷暗所、冬でも霜のおりる心配のない場所に保存すると、次の夏までコリコリのニンジンを味わうことができる。

そのため、種子用のニンジンを食べてしまわないよう、別途に保存したほうがいい。

■翌年の春、種子用ニンジンを土に植える。

ニンジンは二年目に花序をつける。ハナバチやマルハナバチにより受粉すると、花序は秋までに種子を形成する。霜がおりる前に茎を切り取り、屋内で少し乾燥させる。

■種子を採取するには、茎を両手ではさんで揉む。下にボウルを置いて種子を受けるか、目の細かい大きなふるいならもっといい。息を軽く吹きかければ、種子とくずは分離するので、種子をガラス容器に入れて保存する。

六本ないし八本のニンジンから、数年間はこの作業をくり返さなくてすむほどたくさんの種子が得られることがわかるだろう。

ノラニンジンに要注意

一つ注意してほしいことがある。牧草地に〝ノラニンジン〟が生えていることが多い。栽培ニンジンの祖先にあたる野性のニンジンで、根っこが白く、栽培種よりはるかに小さい。ハナバチやマルハナバチはそんなことに頓着しないので、種子から育てたニンジンがノラニンジンと交配されてしまうこともある。その場合、次世代のニンジンはすごく小さな白い根っこになるケースも。

　ノラニンジンとの交配を避けるために、僕は耕作地の周囲に生えているノラニンジンの茎を折るようにしている。

　もう一つ、もっと効果的な方法がある。秋に収穫するとき、数本のニンジンを土中に残しておく。通常の冬なら問題なくもちこたえるので、春になったらその隣りに、砂箱に保存しておいたニンジンを埋める。どちらも成長して花を咲かせるが、同時にではない。外で越冬したニンジンは、砂箱で越冬したものより二週間ほど早いので、どちらかがノラニンジンと同時に開花した場合は、そうでない列のニンジンの種子を秋に収穫する。

ニンジンをはじめ、多様な花が咲き誇る

第3章
僕らの特化は多様性

なにかを達成したい人は、道を見つける。
なにかをしたくない人は、その理由をいくらでも見つける。

——ゲッツ・ヴェルナー
（ドイツ人、ドラッグストアチェーンの創業者・監査役）

〝そんなことはうまくいかない、と、みんなが口を揃えて言う。そこへ、何も知らない人間がやってきて、それを実行した〟。これは遠い世界の逸話ではない。ボーア農場の歴史の大部分がここに含まれている。

ボーア農場の経営を始めたのは二〇〇九年。ほぼ一〇ヘクタール、つまり一〇万平方メートルの土地で、公的農業機関により採算のとれる最低面積と定められているものよりはるかに小さい。これらの機関がよりどころとするのは、農業学および企業経営学の学者たちだ。

一〇ヘクタールでは家族が生き延びるのに足りないと言われたのが理由だったわけではないが、それでも、やってみようという気にさせる刺激にはなった。現在、僕らは専業農家として生活している。つまり、農業が生む収入で家族の支出を十分に賄っているということだ。

もっと規模の大きいほかの農場が毎日のやりくりに苦労しているのに、うちでうまくいっているのはなぜだろうか？

その答えは一つではなく、たくさんあるように思う。ボーア農場における営みの最も重要なポイントは、〝市場〟と呼ばれるものをできるだけ排除したことにある。

僕らのケースで市場とは、農場の製品を買い取る業者、倉庫、農業協会、食肉処理場などだ。買い取り業者にまかせれば、マーケティングの必要はない。

養鶏業に特化すれば、月に一度、数千羽のブロイラーが同時に成熟する。農業協会が鶏肉の出荷先を僕のために調整してくれるので、成熟したブロイラーを一度に畜殺できる。そうすれば経済的なメリットがある、というのが教義だ。

レストランで食べる鶏胸肉のたどった道を、ここでいっしょに振り返ってみよう。道の途上で鶏（胸肉）とかかわった人はみな、そこから報酬を得ている。

農産品の流通と連鎖

好みのレストランで鶏胸肉のステーキとサラダを注文する。ステーキ用に加工した鶏胸肉は、大手卸売業者からレストランに配達された。この業者は商品を中央倉庫から受け取るが、卸販売チェーンの仕入れセンターは食肉処理場から購入する。ブロイラーが畜殺・加工されるのがここだ。食肉処理場は農業協会をとおして畜産農家からブロイラーを購入し、農業協会が農家に代金を支払う。ほとんどすべての農産物は、これと似た流通連鎖構造を持つ。肉の加工業者は食肉処理場、穀物は製粉会社、野菜や果物ではこのセクターがない場合もあるし、皮むき、冷凍、乾燥その他の加工をしてから大手卸売業者に納入されることもある。

忘れてはならないのは、鶏はこの間に数キロメートル移動しているということだ。農家から食肉処理場へ、そこから中央倉庫、さらに卸売業者へ。レストランのオーナーは、そこに仕入れに出かけるか、または配達してもらう。輸送にはお金がかかるし、流通過程にかかわる全業者に代金が支払われなくてはならない。こうしてみると、ドイツの畜産農家が最終的にブロイラー一羽あたり平均いくら利益を得るか……いや、その額がいかに小さいか、驚くにはあたるまい。

利益とは、業者から受け取る金額からコストを差し引いたものだ。そこにはヒヨコの購入、飼料、暖房費、医療費、建物や機械の減価償却その他が含まれる。諸経費を差し引いて、農民の生活費となるもの。収益は、ブロイラー一羽につきドイツでは〇・〇六八ユーロ。信じられないかもしれないが、七ユーロセントに満たない額だ。一農民がこの分野だけで生計を立てるために毎月何羽のブロイラーを畜殺しなければならないか、計算すればわかる。一万五〇〇〇羽でひと月一〇〇〇ユーロ。これほど多数の家畜を一度に自力で販売することは無理なので、前述のマーケティング網に頼ることになる。

農業協会、食肉処理場、卸売、運送、包装といった業者を網羅するマーケティング網。僕らは、最初から可能な限りこれとかかわることなくボーア農場を運営したいと考えていた。そのため、農業の一分野に特化するという道は選択肢になかった。

多様性の一環として、フランスの古い種類、ブレス鶏を飼育している

ハッピーエンドの牛乳物語

この地域の農家の大部分が特化している酪農業界も、同様なマーケティング網を持つ。酪農家は一日二回搾乳

し、この生乳は一日置きに集乳車に回収されて乳加工施設に運ばれる。そこで生乳は全乳、スキムミルク、ホモ牛乳（乳脂肪分を細かくし均質化させた牛乳）、粉ミルク、ヨーグルト、カード（凝乳）、チーズなどに加工されて販売される。だが、ここから先は、乳製品もやはり中央倉庫、大手卸売業者、スーパーなどを経由する。酪農家は、毎月末に契約している乳加工施設から決算報告書を受け取る。つまり、酪農家が製品に対して請求書を出すのではなく、乳加工施設が決算書を出すのだ。生乳の値段を決めるのは酪農家ではなく、乳加工施設ということになる。

乳加工施設が農業協会の場合は、メンバーである酪農家との談合で価格を設定する。しかし、ドイツ国内の大手乳加工施設の大部分は民営化され、現在は家族経営または株式会社となっており、彼らの設定する価格は農業協会のそれよりずっと低い。

僕は数年前、幸いにも農業協会の設立と構築に根本的にかかわったことがある。僕は当時、酪農場の雇われ管理人をしていたが、この地域の酪農家はみな、バイエルン州最大の乳加工施設の一つに出荷していた。しかし、酪農家への扱いがあまりにもひどかったため、僕を含む多数の農家がこの施設の製品をボイコットするという厄介な状況となった。

牛乳の買い取り価格は底値で、最初の牛乳ストライキが発生したのはこのころだった。多数の農民がデモをおこない、搾った牛乳を水肥用バケツに入れて牧草地にまいたが、一般市民はむしろ違和感を抱いたようだった。そんなとき、ある有機農家とレストラン経営者が、テーゲルン湖谷の農家で生産される牛乳を独自の施設でチーズに加工し、地域内で販売したらどうかというアイディアを発展させた。これが公式に発表されると、僕はすぐに仲間に加わった。企画は急速に具体化し、農業協会を設立することに決まった。

二〇〇七年、設立予定のテーゲルン湖地区ナチュラルチーズ製造所に牛乳を納入したいという農家は一六軒に達した。ただ、製造所はまだ存在せず、建設資金を持つ農家もなかった。そのため、採算性についての計算値と多大な善意で一般人にアピールするという、変わった方法をとることにした。僕らの呼びかけを簡単に要約するなら、次のようになる。当地の酪農家は、牧草と干し草だけを餌とする乳牛の高品質なミルクを納入する。この生乳でつくった高品質のチーズを入手したいなら、チーチーズ製造所設立費用を一部負担してほしい。

それから二年後の二〇〇九年六月、テーゲルン湖地区ナチュラルチーズ製造所は創業した。建設費四〇〇万ユーロを出したのは、二〇軒の加盟農家およびテーゲルン湖谷その他の地域に住む約一〇〇〇人の人々だった。独自のチーズ製造所を設立し、小農家からなる地域構造を形成するというアイディアを、これらの人々が手を組んで実現したのだ。加盟農家の大部分は、夏季になると、テーゲルン湖周辺に多数ある高山牧場を営んでいる。そのため、そうした牧場施設に将来性を与え、さらに間接的には自然保護を促進することになった。

牛乳の買い取り価格は一時的に回復したものの、いくらもしないうちに二〇〇七年のレベルよりさらに大きく下がった。しかし、ナチュラルチーズ製造所の価格は維持されていた。ここの支払い価格は、ほかの乳加工施設が酪農家に支払う金額ではなく、製造するチーズの売り値に調整されている。チーズが高値で売れれば、酪農家に支払う額も増える。そこで、農家や消費者を含む全員に対して透明なシステムが生み出された。農家は再び名前を持ち、製造所を訪れる人々が最初に目にするのが、彼らの名前となった。製造所を支える二〇軒の農家と、彼らの名前を掲げて人々を支えるチーズ製造所。

二〇〇九年に酪農場管理の仕事を辞めたのちも、僕は農業協会を積極的にサポートし続けた。当初、〝石器時代への逆行〟と関係者から冷笑されたアイディアがただのアイディアで終わらないために、何かしら貢献したかった。結局のところ、この件のおかげで、関係者全員にプラスになる状況があることが示された。つまり、チーズ製造所は農家と家畜にとってプラスとなり、消費者は高品質の材料でつくられた高品質の製品を入手することができる。さらに、二〇軒の農家の存続が保証されたことで、自然的景観および文化的景観にとってもプラスとなった。

ファームショップ——パン、ジャム、幸福な家畜たち

ボーア農場で特化しているものがあるとすれば、多様性といえるかもしれない。多様性の一部は、僕らがここに来たとき、すでに存在していた。土地のオーナーは植物栽培が得意であるばかりか試行錯誤タイプの人たちで、多種多様な果樹を植えたらしい。その一部は僕らも見たことのないもので、手入れしてもらうのを待っている状態だった。

僕は、テーゲルン湖谷に来る何年か前に、一九〇五年製の古いパン焼き窯を購入した。のちになって振り返ると、有機製法による最高品質の食品をできるだけ多く使って自給自足しようというアイディアの火つけ役となったのが、この窯と製パンだった。僕らとともにボーア農場に引っ越してきたパン焼き窯は、最初の大きな企画であるファームショップ開店を実現するとき、重要な道具となった。

自家製の食品が増えるにしたがって、余剰分も増加した。パン焼きのほかに、野菜や果物を加熱または乾燥させ、家畜の肉でベーコンやソーセージをつくった。そして、こうした製品をもっとたくさんつくれることに気がついた。果物はすでにあり余るほどとれたし、野菜の栽培を拡大し、家畜を増やす場所は十分にあった。つまり、ファームショップを開いて余剰分を販売することにしたのは、小さな一歩だった。

僕らは最初から製パンに重点を置いた。伝統的なパン種、サワードウを使った田舎風パン、挽《ひ》きたてのライ麦粉の全粒粉パン、それとヴィンチュゲル。これは、ライ麦サワードウにキャラウェイ、コリアンダー、フェンネル、レイリョウコウなどのスパイスを加えて焼いたひらべったいパンだ。パンの種類はだいたいこれだけで、基本的にはいまも変わっていない。パンにしろほかの製品にしろ、少量の高品質材料を使って特別なものをつくることが重要だから。

ファームショップの営業日は木曜から土曜までというのも当初から変わっていない。毎日営業しているパン屋であれば、お客さんが毎日買いに来てくれることが望ましい。その方法としていちばん簡単なのは、翌日には味が落ちるようにパンを焼けばいい。僕らの場合は、一週間後にもおいしく食べられるパンを焼くことを重視している。昔はそれがあたりまえだったのに、現在ではパン屋でも家庭でも、翌日になると捨てられることが多い。工場または極東で量産される生地のおかげでパンは味気ないものになってしまったからだ。ボーア農場では、そ

手づくりのパンと多様な果樹からつくられるジャムはファームショップの基礎となった

うしたものはいっさい使っていない。パンの持つ価値を再び与えたいと願っているから。といっても、何ユーロとか何ユーロセントという価値ではなく、食生活における重要性のことだ。

自家製パンのほかには、野菜や果物を加工した製品も販売している。ジャム、シロップ、ジュース、チャツネ、その他塩味の野菜加工品などで、生の野菜や果物は扱っていない。販売してほしいという要望もよく聞くのにそうしないのはなぜかというと、僕らの農場では昔の種類の野菜や果物を多数栽培しているが、それらは収穫していくらもたたないうちに新鮮さを失うからだ。加工せずに販売するなら、一部をはねて捨てなければならない。

僕らは、野菜や果物にも価値を返してあげたいと考えている。毎日多量に廃棄されるのはパンばかりではない。収穫した日より見劣りがするとか、レタスの外側の葉っぱがちょっとしおれたからという理由で、何百万トンもの野菜や果物が捨てられる。僕らの選んだ解決法は、野菜や果物を加工して価値を維持することだった。生鮮品を販売することに心惹かれる唯一の理由は、果物が熟す時期はいつか、果物のとれない時期はいつか（こちらのほうが大事）ということを示せるからだ。

テーゲルン湖谷でツヴェチュゲンダーチ（大きな四角い型で焼くプルーンケーキ）の季節が始まるのは、現在では最初の森林フェスティバルが開催される六月半ばだ。森林フェスティバルは和気あいあいとした祭りで、民族衣装のディアンドルやレダーホーゼン（レザー製ハーフパンツ）といった古バイエルンの伝統が重視される。吹奏楽、バイエルン風タップダンス、午後のおやつ、ビール……ツヴェチュゲンダーチもそこに含まれる。ところが、六月半ばといえば、当地のプルーンはようやく花が咲き終わったところでしかない。にもかかわらずツヴェチュゲンダーチを提供できるのは、トルコやモロッコからの輸入プルーンのおかげといえる。

ボーア農場では、当然のことながら動物たちも多様性の一部をなしている。アヒル、ガチョウ、鶏、七面鳥、豚、牛、羊、馬といった家畜は、土壌に貴重な肥料を与えてくれるほか、一部は食用にもなっている。わが家が肉食を選んだのは、十分に意識してのことだった。うちで食べる肉の大部分は農場の家畜で、彼らが農場で生活するあいだはできるだけていねいに扱うようにしている。ファームショップでは、所属するナチュラルチーズ製造所および近隣農家や職人の製品も販売しているが、それは意外なことではあるまい。

消費者とつくる最良の製品

僕らの構想には、お客さんにとってのデメリットが一つだけある。というのも、ファームショップで扱うのは僕らの嗜好に合うものだけなので、お客さんにはそれ以外のものを選択できない。

品揃えの豊富な大手スーパーと、アルディ、リドルといった大手ディスカウントの違いはどこにあるか、考えたことはあるだろうか。品揃えの豊富な大手スーパーは、現在では商品約四万点を提供している。それに対してディスカウントストアの場合は一〇〇〇点ほどだ。

ディスカウントストアでは、顧客の購入する商品はあらかじめ選択されている。テトラパック入り乳脂肪三・五パーセント牛乳にしても、最も安い乳加工施設の製品しか置いていない。異なる乳加工施設一〇軒の製品が並んでいるわけではない。つまり、ディスカウントストアは、すべての商品について、自店の顧客が選ぶと予想される製品をあらかじめ選んでいる。

商品の選択という点では、うちのファームショップは大手スーパーよりもディスカウントストアに近いかもしれない……僕の心中で強く抵抗するものがあるとしても。というのも、農場およびお客さんのために選択するのは僕ら自身だから。ただし、そこには大きな相違がある。アルディやリドルで買い物すれば、「最も安い商品」が約束される。うちのファームショップで買い物するお客さんには、「最良の製品」を直接に保証することができる。

二〇一一年、古い鶏小屋を改築してファームショップを増築し、ファーム喫茶〝バウエルンシャンク〟を開いた。オーストリアのブーシェンシャンクまたはホイリゲ(どちらもワイナリーのワインを提供する酒場)を模した喫茶コーナーで、自家製ケーキや午後のおやつをその場で味わってもらえるとともに、お客さんとの突っ込んだ会話が可能になった。製造からマーケティングにいたるサイクルのなかで最も重要なものともいえる。パンやジャムやチーズの販売にとどまらず、材料についての情報をすっかり公開することにつながる。製品について話し合い、意見を交換するのだ。

それは、お客さんの希望を直接的に聞き知る唯一の方法でもある。食品に関するどんな点に心を動かされ、何に対して不安や憤りを感じているかといったことを、知ることができる。うちの製品の栽培や飼育にまつわる話を聞いてもらい、うちの豚肉や鶏肉がスーパーで売っているものよりずっと高いのはなぜか、説明することができる。こうしてお客さんに理解してもらえる。

うちで生産されるものは、ほかの店には置いていない。製品はすべて、農場内でお客さんとの直接的な接触をとおして販売される。そうでないと、お客さん、製品、僕らみんなにとってマイナスとなる。僕らは、ほかの店で売られているパンやチーズや肉の値段を指標とすることはできないし、するべきでもない。僕らの指標は自家製品がどれだけの価値を持つかということで、この価値を人々に伝えたい。

うちを訪れる人たちが、以前より意識して肉を買うようになったり、肉の消費量を減らしたり、クリスマスにイチゴを買うのをやめたり、一週間一つのパンを食べたりするようになるのを見るのは、僕らにとって嬉しいことだ。けれども、それは僕らの行為のもたらす論理的な結果であって、教育しようという意図はない。

パーマカルチャー――人と自然の配慮に満ちたつきあい

パーマカルチャーという概念を初めて知ったのは二〇〇三年、高山牧場で過ごした最後の夏に読んだ、『Der Agrarrebell(農業反逆者)』という本からだった。著者は、オーストリアのザルツブルク州ルンガウで農場を経営するセップ・ホルツァー。そのときは、パーマカルチャーとは農業の別の形態なのだと受け止めただけで、とくに興味深いテーマとは思わなかった。

それから一〇年後、僕らはボーア農場にいて、ここの農業をすでに大きく変化させていた。もともとあった果樹やベリー類を増やし、牧草地の一部を穀物畑に転用して野菜用の広い耕作地をつくるとともに、農場敷地内の豊かな湧き水を利用して池を二つ設け、細い水路二本で結んだ。

これにより、外観ばかりでなく、農場の生活圏が大きく変化した。それまで存在しなかった野鳥が見られるようになり、種をまいたわけでも苗を植えたわけでもない植物が成長するようになった。こうした環境で、機械の使用を最小限におさえて家畜に仕事の一部をしてもらう。豚は野菜畑を耕し、カモはナメクジを退治し、羊は草刈りをする、といった具合に。

農場の一部を変化させ、あらたな部分を設けていくうちに、訪問する人々から「これこそパーマカルチャーね!」と、頻繁に言われるようになった。じつをいうと、僕らがここでしていることと、一〇年前に前述の本で読んだ内容との共通点はわずかだったので、そのようなことを言われても相手にしなかった。それが変わったのは、東チロルの高原で農業を営む夫婦セップ・ブルンナーとマルグリット・ブルンナーのセミナーを、妻と僕が相次いで受けてからだった。パーマカルチャーとは、農業またはガーデニングの異なる形ではないことを、そのとき初めて知った。

パーマカルチャーは、人生観なのだ。

〝カルチャー(ドイツ語「Kultur」、英語「culture」)〟は、農民的な言葉といえる。ラテン語〝cultura〟は「手入れ」「培養」「耕作」といった意味を持つ。つまり、〝カルチ

池は多様な生物の棲みかとなっている

ヤーランド（Kulturland）〟といえば農地のことで、その反対が〝ネイチャーランド（Naturland）〟つまり自然の土地。農民が農地の手入れや耕作や培養をやめれば、自然のはたらきによりそこは再び自然の土地に返る。といっても、農民と自然は敵対しているわけではない。優秀な農民は自然とその法則を理解しており、そのおかげで農地を長期的に豊穣に保つことができる。これこそパーマカルチャーだ。パーマカルチャーとは、閉鎖循環型かつ自己維持型のシステムといえるだろう。

二七歳のエチオピア人教師で有機農法活動家のアスメラシュ・ダグネは、パーマカルチャーを短く簡潔に表現している。

「人間のことを考え、地球のことを考え、余っているものを分けること」

僕にとって、これは次のように表現できる。

「生産する食品が、自分と家族と顧客に健康な生活の糧を確実に与えるようにすること。自分の耕作する農地と地球が健康と生命力を維持するように配慮すること。技術、知識、生産する食糧を、人々や動物と分かち合うこと」

パーマカルチャーをひとたび理解すれば、人生のあらゆる領域がその思考に影響される。いずれにせよ、僕の場合はそうだった。この思考法が完全に自動的に、農業やガーデニングにおけるその人なりのやりかたに現れるのは、論理的な結果といえるだろう。僕らがボーア農場を運営するやりかたと、セップ・ホルツァーのパーマカルチャー農場における耕作法は、背後にある思考法からみれば大きな違いはないということが、こうして一〇年後に明らかになった。違うのは方法だけらしいのは、悪くない。大事なのは理解することで、模倣ではないのだから。

　パーマカルチャー関連の著書は、いまでは探せばたくさん見つかるが、残念ながら背後にある思考法を説明しているものはわずかしかない。パーマカルチャーとはこういうもので、ああいったものはそうではない、とかなり教義的に説く本が多い。螺旋《らせん》状ハーブ・ガーデンと粘土製の窯、それと斜面畑があれば、あなたの庭はパーマカルチャーだ、というのが、多数の書籍やブログやフォーラムのメインメッセージとなっている。

　この農業のやりかたはパーマカルチャーと関係があるのではないか、と人から言われると、以前は心のなかで長いこと抵抗し続けたものだった。僕は教義的なものが苦手なので、時とともにその理由が理解できるようになった。いま同じことを訊かれたら、螺旋状ハーブ・ガーデンすら持たないにもかかわらず、心の底から肯定するだろう。農場や農業のありかたは違っていても、パーマカルチャーは僕らの頭のなかに深く根づいている。サイクルのなかで思考し、自分たちの行為の意味について定期的に問いなおし、僕または家族、あるいはほかの誰かがなんらかの犠牲を払うことなくエコロジー（生態系）とエコノミー（経済性）が調和しているかどうかを考慮すること。時間とお金を切り離すこと。僕らにとってのパーマカルチャーとは、こうしたことや、ほかのたくさんのことを意味している。

知識を分かち合う

　技術や知識、生産する食糧を人々や動物と分かち合うことがパーマカルチャーの定義の一つであるからには、スピーチやセミナー、あるいは訪問者に対する農場案内などをとおして知識を伝達することにしたのは当然のステップだった。とくに重要なのはセミナーで、僕らの熱意をみんなに知ってもらうことを目標としている。人間社会の現在の生きかたは、アクセル全開で壁に突っ込んでいるのと変わらない。しかもそのスピードは上昇の一途をたどっている。全世界の人々に食糧を供給することができず、発展途上国の人々を搾取しつくしているばかりか、僕らの生命の基盤をも破壊している。どうすればこれを変えることができる？　そもそも何かを変えることは可能なのか？

農場を訪れる人たちの多くは、最初のうち周囲の世界は檻で、自分はその囚人だと感じている。おそらく、ライナー・マリア・リルケが一九〇二年にパリの動物園で見たヒョウと同じように。リルケは、囚われた動物を詩のなかに次のように表現している。

農場や農業のありかたを伝えるため、訪問者への農場案内も大切な仕事だ

ずっと格子ごしに外の世界を見続けたために
疲れた目はもはやなにもとらえることができない
千本の格子が目の前に並んでいて
その向こうの世界は存在しないかのように

しなやかな動き、敏捷にして力強い歩調で
それ以上ちぢめられないほど小さな輪を描く
中心をめぐる力による踊り
そこにある大いなる意志は麻痺してしまっている

ときどき瞳を覆う帳《とばり》が音もなく開き
映像が入ってくる
張りつめた静けさが四肢を通り抜け
心のなかで消滅する

セミナーでは、〝格子〟つまり檻の原因をはっきりさせ、檻の向こうにある世界を見る目を鍛えたいと考えている。僕らは、自身の行為をとおして檻の向こうの世界を知っており、その世界を体験している。世界中の人々が〝グッドライフ〟を送れるようにすることや、環境にやさしい方法で生産された高品質の食品を全世界に供給することは可能だと、自身の行為をとおして知っている。問題はそれを実現させる気があるかないかだ。このようなセミナーを受けたら、現在のシステムである檻のなかの世界で今後何を担うべきか、また何を担わないか、自分で決定できるはず。そして、その決定が自分やほかの人たちに、ひいては周囲の世界全体におよぼす影響を感じ取れるようになるだろう。

うちの農場ではリルケの詩の続きがある。それほど絶望的ではなく、希望に満たされた結末が。その内容についてはのちに触れたい。

農業、ファームショップ、ファーム喫茶、スピーチやセミナー……これらの組み合わせにより、ボーア農場はフル操業で運営されている。

十分にあれば、不足することはない。人間や自然にダメージを与えることなく、あらゆるものが十分に手に入るのだから。

〈実践マニュアル3〉
パンを焼く

一週間経っても味の落ちないパンを買ったのはいつだったか、覚えているだろうか?

長期間新鮮さが保たれるパンのほとんどはサワードウ生地を使ったものだ。高品質のサワードウには、乳酸菌、酢酸菌、酵母がバランスよく含まれている。ただし、スーパーなどで売っているイーストではなく、サワードウ内部で時間をかけて生育したもの。

高品質のパンは、それなりの時間を要するが、以下にその手順を記したので、参考にしてほしい。

まずはライ麦サワードウを作ってみよう。

第一日

材料

ライ麦全粒粉　一〇〇グラム

水　一二〇グラム

■ライ麦全粒粉と水をボウルに入れて混ぜ、蓋をして室温で一日寝かす。容量二リットル以上のボウルを使うこと。

■サワードウ生地のパンを焼いているパン屋がいたら、生地を分けてもらえるかどうか頼んでみよう。基本のサワードウに、分けてもらった生地を二〇グラムくらい混ぜるのがいい。

ライ麦粉は、あまり精白されていないものが好ましい。穀物粉の袋の裏に、ふつうは数字が記載されている(小麦粉 Typ 405、ライ麦粉 Typ 997 など)。この数値によって、ミネラル含有量がわかる。

実りの季節を迎えたライ麦

数値が大きければ、種皮を含む割合が大きい。つまりミネラルや貴重な繊維質に富み、精白粉よりたくさんの水分を維持できる。そのため、タイプ値の高い粉で作ったパンは日持ちがよく、あまりぱさつかない。ライ麦サワードウにはTyp 1050 または全粒粉が適している。全粒粉には種皮がまるごと含まれるが、挽く前に胚芽は取り除かれる。これにより、腐臭を放つことなく長期間保存がきく。

第二日

■まる一日寝かせた生地に、あらたにライ麦粉一〇〇グラムと水一二〇グラムを加えて混ぜ、蓋をしてさらに一日寝かせる。

　生地をこねるたびに、空気がほんの少し生地のなかに入る。周囲の空気には乳酸菌が十分に存在するので、ライ麦粉と水からなる生地のなかで乳酸菌発酵が進行する。

第三日

■第二日のプロセスをくり返し、さらにライ麦粉一〇〇グラム、水一二〇グラムを加えて混ぜる。

■ボウルに蓋をして、生地をもう一日、室温で寝かせる。

　パン屋からサワードウを分けてもらい、最初から生地に加えたとすると、この時点ですでにかなり膨らんでいるのがわかるだろう。けれども、古いサワードウを混ぜなかった場合でも、生地のなかの乳酸菌がすでにさかんに活動を始め、細かい泡を生産しているはずだ。

第四日

　パンを焼く。

■次の材料をこねてなめらかな生地にする。

ライ麦全粒粉　七五〇グラム
サワードウ　二五〇グラム
ぬるま湯　四〇〇ミリリットル
食塩　一五グラム
イースト　一〇グラム
（パン屋から古いサワードウを分けてもらわなかった場合）

■この生地を室温で四時間、発酵させる。

　サワードウの残りは、ねじ蓋付ガラス容器に移して冷蔵庫に入れれば、数週間もつ。これをのちに使うときは、基本レシピを最初から実行すること。最初の日にサワードウを一〇〇グラム加え、三日目にパンを焼く。生地の残りは、再びガラス容器に移して次回にまわせばいい。

■オーブンを上下火で二五〇度にセットする。

■パン生地をひとまとめにして成形する。円形、楕円形、ボックス形など好みの形にまとめたら、天板にのせてさらに三〇分、発酵させる。

■天板をオーブンに入れ、温度を二〇〇度に下げる。オーブンの気密性にもよるが、水の入ったカップをオーブン内に置くことで、かりかりのふちができる。

約六〇分でパンは焼き上がる。

これは基本サワードウ。生地にスパイスやシードを混ぜ込んだり、表面にまぶしたりしてもいい。

パン生地に使うスパイスとしては、キャラウェイ、コリアンダー、フェンネルなどが一般的。

ヒマワリの種、カボチャの種、ソバの実などは、混ぜ込み用にも表面用にも適している。穀粒をまるごと使う場合は、水に浸してひと晩置くといいだろう。

100年前のパン焼き窯はいまでも大活躍

第4章 世界人口、成長、尊厳――これらはどのように調和するか

経済は休まず成長し続けると信じているのはバカと経済学者だけ。

――ケネス・E・ボールディング
（アメリカの経済学者）

小ぢんまりしたボーア農場は、面積にして一〇ヘクタール。ちなみに一ヘクタールは一〇〇メートル四方、つまり一万平方メートルの土地だ。敷地のうち八ヘクタールは牧草地で、たいていは牛や羊、馬、ガチョウ、鶏が草を食《は》んでいるほか、家畜の冬季飼料を蓄えるため、年に一度、刈り取られる。残りの二ヘクタール、つまり二万平方メートルは、野菜畑、穀物およびジャガイモの耕作地、果樹園、ベリー類の畑になっている。

この農場は狭すぎて生計を立てるのは無理だ、とみんなから言われたが、ほんとうに狭すぎるだろうか、と自問してみた。そこから、単純に数字だけを考慮した場合、僕の〝持ち分〟である土地は何人の人々に対して責任を負っているか、何人を養わなければならないか、という疑問が生まれた。妻と三人の子どもと僕自身の五人については明らかだが、それだけでいいのか？　ほかの人たちとは誰のことか？　その人たちは、僕らの行為に賛成してくれるだろうか？

僕は計算を始めた。地球に住む人間一人あたり、いったいどれだけの土地があるのか。生活するための土地のほか、食糧を栽培するための土地は、一人につきどのくらいの広さなのか。

人口は多すぎる？

この計算の解を出すには世界人口と土地面積がわかればいいので、そう難しいことではない。土地についてては詳細に検討しなければならないが、世界の人口については約七〇億人で、増加曲線は上向きだ。

これは、多すぎるといえるだろうか？　人口過剰と考える人も多いが、そうでないとすると、あとどのくらいの人たちが暮らせる土地があるのか？　過剰だとすると、多すぎるのは誰なのか？

マスメディアが報道するたくさんのとてつもなく大きな数字と、日々かかわらなくてはならない。そこで僕は、想像のつかない数値については、納得可能な関係に置き換えることにしている。二〇一一年一〇月に、七〇億人目の人間について報道されたときも、同じ方法をとった。二〇一一年一〇月三一日に七〇億人目の赤ちゃんがベルリンに生まれる、と統計学者がはじき出したとき、僕は頭に描いてみた。記念すべき赤ちゃんの誕生を祝うために、全世界の人々をドイツに招待したらどうなるだろうか、と。七〇億人のうち何人をドイツに収容できるか、考えてみてほしい。折り重なることなく、きちんと並んだ状態で。この疑問の答えに、当時の僕は圧倒される思いだった。ドイツは全世界の人口を収容する広さを持つのだ。しかも、一人あたり五〇平方メートル以上、ということは、都市部の中程度のアパートほどの土地が、誕生祝いに訪れる人々全員に割り当てられる。しかも、地球上のほかの土地はからっぽだ。

地球面積を七〇億で割ると、一人あたり七万平方メートル、サッカー場一〇個分の土地を持つことになる。地表の七〇パーセントは水に覆われているので、人間一人につきサッカー場七個分の面積の海があるわけだ。世界の海のこのちっぽけな部分に、驚くほどたくさんの魚が棲息している。個々の人間がその広さの海に棲む魚を捕りつくすことができるとは、まさか思わないだろう。もっぱら魚だけを食べて生きるのでない限り、人間一人ではとても無理だ。割り当てられた部分の生態バランスを壊すどころか、乱すことすらできない。ところが、大勢が手を組んでこれを根底からくつがえし、多数の魚を絶滅の危機に追いやっている。

数値に話を戻そう。サッカー場七個分の海のほかに、三個分の土地がある。そのうち一個分は、樹木はほとんど育たず、わずかな低木や草の生えた不毛の地。そこには砂漠、岩石砂漠、砂や氷の砂漠が含まれる。

残る二個のサッカー場のうち一個は、三分の二が森林、三分の一が居住区で、これは市町村や道路からなる。最後のサッカー場一個は、すごく特別な役割を果たしている。この部分が僕らを養ってくれるから。

二〇〇〇平方メートルの耕作地

残されたサッカー場一個、七〇〇〇平方メートルの大部分は牧草地からなる。つまり、みずみずしい牧草地、草木のまばらな高山牧草地、ステップやサヴァナなどを含む五〇〇〇平方メートルの土地が、僕ら一人ひとりの持ち分だ。この牧草地部分をどのように利用できるかについては、のちに詳しく触れたい。ここで取り上げるのは、最後の二〇〇〇平方メートル。中程度のスーパーほどの土地が、農作物の耕作に適した部分で、耕地と呼ぶ。

この数字を目にしたとき、僕の心は強く動かされた。それは、アメリカ航空宇宙局（NASA）の人工衛星エクスプローラー6が、一九五九年に初めて撮影した地球の映像を地上局に送ったときの人々の感動と似ているかもしれない。この映像はマスメディアのあいだに野火のように広がり、人々の心を強く動かしたため、それからいくらもしないうちに初の環境保護団体が多数設立された。地球という生態系がとても繊細でもろいものだと感じたためだろう。数字を見たとき、僕はこれに似た感覚を覚えた。同時に、これはじつはけっこう広い土地でもある、と思った。

僕らの日々の糧である野菜、果物、穀物がこの耕地で成長する。世界の主要食品に含まれる米とジャガイモ、コーヒーやカカオ、香辛料、嗜好品の材料もここで育つが、食品とはほとんど関係のないものも栽培される。衣料用のコットンその他の繊維植物、タイヤや実験用ゴム手袋の材料となるゴム、タバコ、燃料や飼料用のトウモロコシなどがそこに含まれる。

当然のことながら、二〇〇〇平方メートルの土地をみんなが直接に所有しているわけではないし、住居のすぐそばにあることはさらに少ない。大部分の人は持ち分である二〇〇〇平方メートルを農業に利用して適切に管理するよう、ある農家または複数の農家に消極的に（積極的なのはレアケース）依頼している。世界はグローバル化しているため、依頼農家は当然のことながら世界各地に分散されている。農家と個人的に面識がある人はほとんどいない。

ここで問題となるのは、二〇〇〇平方メートルは十分なのか、それとも不足なのか、ということだ。これについての計算値はいくらでもあるが、それによると、二〇〇〇平方メートルよりもっとずっと広い土地が必要だ、ということになるだろう。どのくらい必要かについては意見が割れているが、だいたいは四〇〇〇から一万二〇〇〇平方メートルのあいだで、アプローチのしかたにより差が生じている。一万二〇〇〇平方メートルというのは、石油、天然ガス、石炭といった化石燃料の使用を完全にやめてバイオマスに切り替えることを前提としてい

牧草地に置かれたミツバチの養蜂箱

青空に映えるリンゴの花

る。四〇〇〇平方メートルという計算値は、化石燃料の不足には配慮せず、もっぱら現在の使用をもとに出したものだ。

どの数値をとるにしても、持ち分よりはるかに多くを消費している事実は変わらない。地球二個ないし六個分の超過。けれども、地球は一個しかない。生きるために〝たったの〟四〇〇〇平方メートルの耕地が必要だとすると、地球に住む誰か一人の生存基盤をそっくり取り上げるか、数人の生活基盤の一部を剝奪することになる。遺憾なことに、これは純粋に計算上ではなく、実際に起きている。

自然と経済の成長の違い

職業上、僕は成長と大きく関係している。成長という点からみると、自然は地球上のほかの何よりも浪費的といえるかもしれない。

農場の一年は、セイヨウサンシュユとセイヨウスノキとともに始まる。この低木は二月末に開花するが、このころにはまだ雪が積もっていることもある。数え切れないほどたくさんの花々は、日中の気温が一二度以上になり、ハナバチが巣を出て受粉してくれることを願っている。本当に温暖になって日が長くなってきたと感じられるころには、急速に変化が進む。牧草地は冬の茶色を失って豊かな緑色に変化し、果樹はまさに爆発的に開花する。無数の花が咲き乱れ、ハナバチを喜ばせようと待ちかまえている。目に映るものすべてが成長のさなかにある。そして、最初の植物が早くも収穫を待っている。一年の最初の収穫物は行者ニンニクだ。

　新しい植物や果実が生まれる春の成長段階は、途切れることなく夏へ移行する。種まきや植苗は減り、収穫作業が多くなる。本格的な真夏になる前に日は再び短くなりはじめ、それとともに成長もしだいに衰える。やがて秋が訪れて、過去数カ月間の成長の結果である、あふれるほどの豊かさを僕らに与えてくれる。

　注意深く観察すると、多くの植物は早くも晩夏から秋にかけて翌年の準備をしていることがわかる。たとえば、果樹は翌春に咲かせるつぼみをすでにつけている。自然の営みは、過度の成長にも感じられる。自然は何をするにしても、この上なく浪費的なのだ。十分な数のサクランボを形成するためにそれほどたくさんの花が必要か、なんてことは考えない。六月に雹《ひょう》が降って、リンゴの木についた小さな実がすべてだめになるかもしれないと考えることもない。自然は雹に対する損害保険も必要としない。激しい雹を一度体験しても、翌年になるとまた見事な花を咲かせる。

　秋の次にやってくる冬は、後退と休息の季節。森にも耕地にも成長は起こらない。再生のときであることは農場の人間にとっても同じで、クリスマスから二月初めの聖燭祭までファームショップは休業する。自然と同じく、僕らも新しい年に向けて心の準備をするのだ。

　これが僕の知る成長で、毎年あらたに体験している。けれども、ニュースでたびたび報道される経済成長とは何だろう？

　経済学者によると、すべてが順調に進行すれば、世界経済は毎年二パーセント成長する。これが目標だ。それでは、あなたの会社の昨年の売上は一〇万ユーロだったと仮定し、経済学者の呼びかけに従うと、今年の売上は一〇万二〇〇〇ユーロとなる。二〇〇〇ユーロが目標を達成するための二パーセントに相当するが、次の年にも二パーセント成長を達成したければ、前年の数値をもとにするので、売上を二〇四〇ユーロ増加させなければならない。さらに次の年は二〇八〇ユーロ、二一二〇ユーロ、二一六五ユーロと増えていく。

このように増加していくには、あなたも社員も生産性を上げ続けることになる。つまり、各人が業績を毎年二パーセント、上昇させなければならない。

この展開をもっと長期にわたってなんらかの方法で可視化したり計算したりするためには、関数が必要となる。経済成長の根底にあるのは指数関数で、〝指数関数的成長〟という表現で知られている。僕らの生活にこれほどまでに持続的な影響を与えている関数は、ほかにはない。関数の大部分は、その中身をすべて透視しなければ問題はない。ただし、この関数について理解しておきたいのは、自然界にはそのような成長は存在しないこと、そのために僕らの日常感覚でほんとうには把握できないことだ。自然現象で指数関数に近い唯一のものといえば、がん細胞の増加しかあるまい。この比較がそれほど的はずれでないことは、のちにわかるだろう。

自然界の成長には二つの形しかない。からっぽのコップを水道の蛇口の下に置いて栓を開くと、水面は徐々に上昇し、やがてコップはいっぱいになる。ここから想像するのは直線的な成長で、ほぼまっすぐなグラフが得られる。

もう一つの成長は、自然界において最も頻繁にみられるもので、ここでは木を取り上げてみよう。「樹木は天まで伸びるわけではない（とんとん拍子に見えても、成功には限界がある、という意味）」という表現を聞いたことがあると思うが、具体的には、そうした樹木は最初のうちは比較的速く成長するが、ある程度の高さになると成長速度は大きく落ち、やがていつかは完全に成長が止まる、という意味だ。あらゆる植物にあてはまるし、人間や動物にも同じことがいえる。

ところが、指数関数的成長ではその正反対で、最初のうちは成長がやや遅く感じられる。

ところが、いくらもしないうちに成長速度は僕らの想像を超えて大きくなっていく。これをグラフにすると、最初はほとんど平らだったのが、やがて垂直に近い上昇曲線となる。

利子の問題

ナザレのヨセフが、息子イエスの誕生に際して、ライファイゼン銀行ベツレヘム支店に息子名義の普通預金口座を開設したと仮定しよう。最初の預金額は一ペニヒ。

ライファイゼン銀行はドイツに現存するが、ベツレヘム支店は、実在しない。過去に存在したことがあるとしても、現在は確実に存在しない。

この口座の利子は三・六四パーセントだったが、時とともに口座は忘れられ、二〇〇〇年にエルサレム市外縁部における発掘作業の際に発見された。そして、蓄積された利子の法律上の所有者として、ローマ教皇がライファイゼン銀行ベツレヘム支店に追加登録した。

イエスとその相続者が利子を毎年現金で払い受け、貯金箱代わりの靴下に保管していれば、二〇〇〇年時点で七三ペニヒという金額になっていたはず。何もしなかったのに、財産はファクター七三まで増加したわけだ。

けれども、ヨセフは利子を払い受けなかったので、利子は口座に加算され、二年目には最初の預金額プラス利子分に対して三・六四パーセントの利子がつく。そのようにして年々膨らんでいくのが複利だ。

一三〇年もすると、当初の一ペニヒは一マルクになる。つまりファクター一〇〇に達する。だが、これはまだ序の口。この先は加速されて元の一ペニヒは一〇マルクになり、さらに一〇〇マルク、一〇〇〇マルク……と増加する。四二〇年後には大きな金の延べ棒に、二〇〇〇年後には地球ほどの大きさの金塊となる。ライファイゼン銀行ベツレヘム支店が存在していれば、これを支払わなければならない。遅くともそのときには、銀行はもはや存在できないだろう。

〝イエスの一ペニヒ〟の例はちょっと見には抽象的に思われるかもしれない。でも、それは二〇〇〇年という、ふだん考えもしない期間のせいでしかない。

あなたの会社の売上高一〇万ユーロをとれば、二〇〇〇年後には「一五五垓五〇四六京三九九六兆一一四八億ユーロ」となる。ということは、生産性をいまより三〇〇デシリオン・パーセント上昇させせなければならない。

想像しがたい抽象的な現象なのに、日常生活において経済システム、つまり指数関数的成長を基礎とする経済システムとなんらかの関係がある場合に、この現象はかならずみられる。

残念ながらこの種の成長は、一般に考えられている以上に農業とも関係が深く、農民である僕にとってもありがたいことではない。その始まりは、ドイツにおいて経済が飛躍的成長を遂げた時期に、最初の農業補助金が導入されたことだった。食品の価格が高いと、望まれる経済成長率の上昇を妨げることになる、と政治家たちが気づいたからだ。そこで、農場経営者に農業補助金を出すことにより、食品価格が長期的に低値で安定するようはからった。

この農業促進を導入した時点では、一般のドイツ人の収入の半分以上が食費として支出されたが、現在では食費は収入の一一パーセント強にすぎない。収入の残りの大部分は、電子機器や自動車といった消費財にあてられる。この分野で経済成長をもたらすのは、それほど難しいことではない。食品の場合は、個人の満腹感によって消費が決まる。四個目のカツレツを食べる気にはなれなくても、二台目の自動車や三台目のテレビには食指が動くものだ。

農業部門における政策は、こうして現在の世界経済成長の大部分をもたらし、この成長が驚異的な繁栄を生んでいる。

ジャガイモが旅に出るとき

経済成長についていえば、万物の尺度となるのは国内総生産（GDP）だ。生産され販売される有形財……自動車、テレビ、家具、食品、飲料など、すべての有形財は価格Xを持つ。これはサービス業にもあてはまる。ウエイターやウエイトレス、看護師、トラック運転手、保育士、倉庫係、教師、サッカー選手といった職業すべてにお金がかかる。有形財とサービス業の一年間の価値を総合したものが国内総生産となる。

ここで、任意の一ドイツ人の生活を例にとって、この人物がGDPにどのように影響しているかをみてみよう。ドイツで最も多い名前といわれるトーマス・ミュラーという仮名を持つ彼は、二二歳でトラック運転手の仕事をしている。人口調査によると、これはドイツ男性に最も多い職業らしい。

トーマス・ミュラーが起床したときには、GDPにまだほとんど貢献していない。スリープモードの電子機器類のほか、冷蔵庫や冷凍庫が多少の電力を消費し、ヒーターは石油を少量、ぬくもりに変化させた。ひとたび起床すると、電力消費が上昇してGDPを喜ばせる。電灯、歯ブラシ、シェーバーはもとより、コーヒーメーカーにより消費電力メーターはすっかり目が覚める。歯みがきやシャワー、コーヒーに使う水の料金は水道局に支払われるので、これもGDPにプラスになる。朝食に食べるジャムを塗ったパンやチーズもプラスだが、ミュラー氏が森で果物を採集して自家製ジャムを作ったとすると、GDPへのブレーキとなる。

ミュラー氏はアパートを出て車で会社に向かう。これでウォーミングアップはすみ、GDPはすっかり軌道に乗った。車は中古を買ったので、GDPには喜ばしいことではないが、それでもガソリン、自動車保険、税金はもちろん支払っている。着用している仕事用の衣類は、二週間前にGDPに加算された。職場に着くと、洗っていないジャガイモを積載したトラックに乗り、出発前に給油する。堂々三二〇ユーロのプラスだ。いよいよ目的地であるイタリア南部に向けて出発し、通過国であるオーストリアとの国境で荷台は閉鎖され、封印される。輸出先の国がドイツと隣接していない場合、ドイツの国境を越える前に積荷は検査され、荷台は封印される。これにより、出発地と目的地以外の国々の国境では封印を確認するだけですむので、時間とお役所仕事を節約できる。目的国の国境で封印は解かれ、関税が支払われる。

途中で渋滞に二度巻き込まれたので、目的地のやや手前でミュラー氏の連続運転時間は最長に達した。その夜はトラックのなかで寝ることになる。夕食はドイツで買ったので、ドイツのGDPにはプラスだが、イタリアのGDPには貢献しない。翌朝、残りの五〇キロメートルを走破してジャガイモ洗浄施設に着くと、ここで積荷である洗っていないジャガイモをおろし、すでに洗って泥をすっかり落としたジャガイモを積み込む。ジャガイモはこうして産地であるドイツに運ばれ、国産としてスーパーに並ぶわけだ。洗ったジャガイモをのせたトラックがオーストリアとの国境に来ると、荷台は封印される。ドイツに入国するとき、国境の町キーファースフェルデンで封印は解かれ、ミュラー氏は関税を支払う。こうしてトラックは決められた連続運転時間内に運送会社の敷地に到着する。

　ミュラー氏は少しも考えなかったが、過去三六時間に、直接的または間接的にGDPにかなりの貢献をしたことになる。泥だらけのジャガイモをイタリアに運び、きれいになったジャガイモをのせて帰国するあいだに、相当なコストが生じたからだ。そこには彼の賃金も含まれる。

　ミュラー氏のこの仕事によりイタリア方面の高速道路がほんの少し摩耗して、そのうちアスファルトを敷き替えることになるし、トラックも消耗し、いつか買い替えなければならない。また、オーストリアとイタリアの国境にあたるブレンナー峠は交通量が増加したため、目下のところブレンナー峠基底トンネル建設がおこなわれている。完成予定は二〇二五年で、一年間の試運転を経て二〇二六年から定期列車用に開通する。一二〇億ユーロの工事により、貨物が鉄道で輸送されるようになれば、時間は大幅に節減される。インスブルック―ボルツァーノ間だけで一時間短縮されるという。建設費はオーストリアとイタリアが出し、ドイツは欧州連合をとおして間接的に関与する。ただし、多数のドイツ企業が建設に携わっているため、ミュラー氏はドイツのGDPにも大きく貢献したことになる。それに、ブレンナー峠高速道路の交通量増加により基底トンネル建設へのニーズを生むことにも一役買っている。

　けれども、ジャガイモを生産された場所で洗わず、イタリアまで運んで洗うのはなぜだろう？　答えはいたって簡単で、そのほうが安いからだ。第三国を使うそうした取引には、政府から補助金が出される。このような協定が結ばれたのは国際貿易を促進するためだが、全輸送費ばかりかジャガイモ洗浄費の一部も補助金で賄われる。それに、ジャガイモを産地国で洗うのは不可能でもある。というのも、ドイツのジャガイモ洗浄施設は仕事がなくなり、最後の施設は二年前に廃業したからだ。

　言い添えるなら、ジャガイモは料理の直前まで洗わないほうがいい。皮についた薄い土の層が自然の保護剤となるからだ。泥つきのジャガイモのほうが長期間保存できるので、捨てるジャガイモの量が減り、支払う代金も少なくてすむ。GDPにとってはマイナスだ。

　ここで一つ打ち明けるなら、この運転手の名前はトーマス・ミュラーではなくマルクス・ボクナーだった。

一九九六年に運転手に欠員が生じたので、二度臨時にジャガイモを運搬したことがある。だが、自分のしていることがわかると、代理運転手の役割はきっぱりとやめた。

初めてジャガイモを運んでイタリアから戻った晩のことを、僕はいまもよく覚えている。ボランティアの消防隊員とともに、激しい交通事故の現場に向かった。一人の命を救うために、二〇人を超える名誉職の消防隊員が深夜過ぎまで五時間以上も任務にあたったのだ。ボランティアの仕事は消防隊のほかにもスポーツ協会、町内会、さまざまな難民支援協会、地元の楽団や教会合唱団などいろいろあるが、地域社会の福祉のために人々が費やす多大な時間は、GDPのなかに含まれていない。

あなたが幸福かどうかということについても、GDPは頓着しない。どちらかというとほんの少し不幸であるほうがGDPには都合がいい。欲求不満から何かを購入するチャンスが大きいから。もしかすると、あなたは病気で治療または薬を必要としているかもしれない。その場合には、少なくともGDPは大喜びするだろう。

僕らの暮らしを向上させるためにGDPを上げなければならない、と、念仏のようにしじゅう聞かされている。だが、そのように確信するのはなぜか？　理由は基本的に二つある。一つには、国家経済が成長すれば国民の生活も向上する、と考える人が大勢いることだ。増えた富が公正に分配されるなら、計算上はそれで正しいかもしれないが、実際にはそうではない。持続的経済成長が望まれるもう一つの理由は、金融システム全般に組み込まれている。

カネはどのように働いているか

経済の基礎の大きな部分は銀行の貸出にある。銀行は、顧客から預かったカネを貸し出すことができるが、他方では、銀行に預金した人は利子を受け取る。つまり、カネを枕の下に保管するのではなく、銀行に預けて利子を受け取る。それにより、あらたに貸し出すためのカネが得られるからだ。銀行からカネを借りれば、利子を払わなければならない。つまり、銀行預金の利子をもらう人がいれば、ほかの誰かが稼ぐ必要がある。ここでこのような説明をしたのは、「カネに働かせればいい」と表現したとき、実際に誰が働くのかをはっきりさせるためだ。

だが、銀行は顧客からの預金の貸付だけではなく、あらたなカネを作り出すこともできる。貸付の前には存在しなかったカネ。カネの全体量がなんらかの方法で増えなければ、経済は成長できまい。企業または個人が、銀行から借りたカネを流通させる。出回るカネが増えれば、商品やサービスへの需要はおのずと高くなる。これは一方では経済成長であり、もう一方ではインフレといえる（インフレとは、商品の価格水準の上昇、または通貨の購買力の低下のこと。効果からみると、この二つは変わらない）。

さらに、借りたカネの利子を支払わなければならない。利子の負担分を捻出するだけでも、おのずとある種の経済成長を伴う。相当込み入ったシステムだが、この短い描写を読んだだけでも、あまり好ましくないもの、一種の悪循環ともいえるものであることがわかるだろう。この循環の持つ最大の問題は、目標点が定められていないことにある。この成長の目標は何で、どこにあるのか、と訊いても、政治家や経済学者は答えられない。

じつのところ、目標は存在しない。このシステムは、いつまでも続くことを前提に構想され、それに依存している。だが、有機農場経営者として言わせてもらうなら、純粋に数学的な見地からみても、持続性のある指数関数的成長は計算上しか存在しない。自然界の限られた資源のなかで、それが不可能であることを否定する数学者はいないだろう。

それはさておいても、連続的な成長によって幸福が増すわけではないことに気づく人が増加している。この種の成長によって、現在の問題は解決されないと把握し始めている。その理由は、アインシュタインの有名な言葉を引用するなら、問題は、「それが生じたときと同じ思考法では決して解決できない」からだ。

成長が目標を持たないばかりか破壊的な作用があるのなら、ヨーロッパにおける経済成長と発展途上国における食糧難や貧困には関係があるのだろうか？

経済難民と人間の尊厳

僕の家族は、この地域に来る難民をサポートする支援グループで積極的に活動している。彼らがここに適応できるよう手を貸すとともに、若い男女に習慣やしきたりを示してあげるようにしている。とくにうちの子どもたちは、最初から先入観をいっさい持たずに難民たちとつきあっている。うちの農場でもすでに数人が短期間の実習をおこなった。実習の目的は、農業やガーデニングが彼らの将来の仕事として適しているかどうかを見きわめることにある。僕は実習中の彼らとなるべくコミュニケーションしようと試み、手や足や英語を交えてけっこう理解し合えた。

まず話題にするのは、彼らの故郷の生活についてだ。ナイジェリア、セネガル、ガンビア、シリア、パキスタン……それから、彼らが亡命することになった理由の数々。さらに、わが国ドイツ連邦共和国が亡命の理由と関係していることがまれではないことにも気がついた。ここでおのずと疑問が浮かぶ。このような厳しい状況では、人間の尊厳は価値を持たなくなるのだろうか？

人間の尊厳はよく耳にするテーマで、とくに政治家は、口頭でこの問題を好んで取り上げる。それにしても、人間の尊厳とは、正確には何のことだろう？　人権については、国連の「世界人権宣言テキスト」で定められている。そこには、「人種、皮膚の色、性、言語、宗教、政治上その他の意見、国民的若しくは社会的出身、財産、門地その他の地位又はこれに類するいかなる事由による差別をも受けることなく」すべての人間が持つ権利についての基本的見解が含まれている。第一条によると、「すべての人間は、生れながらにして自由であり、かつ、尊厳と権利とについて平等である」とあり、わが国の基本法にも独立した項目で「人間の尊厳は不可侵である。これを尊重し保護することは、すべての国家権力の義務である」と記されている。やはり第一条だ。

だが、現在の世界で人間の尊厳はそもそも意味を持つだろうか？　僕にとって人間の尊厳とは、相手が僕と同等であること。出身地、肩書、皮膚の色……こうしたことと無関係に対等であることだ。

理論的には問題なさそうに思われるが、実際には困難なこともある。とくに相手が会ったことのないどこかの誰かである場合。ぜんぜん知らない人で、今後もおそらく会うことのない場合。

バングラデシュの二一歳の女性ジャスミンを例にとってみよう。彼女を裁縫師として雇い、Ｔシャツやパンツやジャケットを縫わせて日給一ユーロ二〇セントを支払う……という人はおそらくいないだろう。彼女のことを直接知らないので、キック（ドイツに本拠のある衣料品ディスカウントチェーン）やチボー、C＆Aで衣類を買うとき、考えることもない。

ラテンアメリカ出身の七歳の少年ミグエルの場合はどうか。彼に庭のコーヒー豆を収穫させ、日給一ユーロ五〇セントを支払う……こともあるまい。だが、ドイツ国内で毎日売られる八〇〇万のテイクアウト用コーヒーは、まさにその事実を語っている。

コンゴ共和国の二九歳の男性で一家の父でもあるネーサンの場合はどうだろう。新しいスマートフォンがほしいばかりにネーサンを殺す……なんてありえないことだが、コルタン産出国ではそれが起きている。コルタンは貴重な鉱石で、電子時計、携帯電話、ノートパソコン、タブレット、電子書籍、薄型液晶テレビなどに欠かせない。コンゴ戦争により五〇〇万人の命が失われたが、戦争の主因はコルタン採掘から得られる利益だった。産業諸国の人々がパソコンゲーム、スマートフォン、ノートパソコンといった機器をどんどん買い込んでいる一方で、コルタンの高需要のおかげで利益をむさぼる人々が、戦争をさらに続行している。言い添えるなら、コンゴ民主共和国からヨーロッパに渡り、保護を求める人々は、経済難民とされている。公式には、二〇〇六年に戦争は終結したことになっているが、実際にはいまも続いており、毎日約一〇〇〇人の市民が命を落としている。

グローバル化された世界の、いまこの場所にいる僕らに、人間の尊厳が今日持つ意味は何か、理解できるだろうか。グローバル化の背後で起きていることを知れば知るほど、明確な答えを出すのは困難になる。

ジャスミン、ミグエル、ネーサンと向き合い、彼らの目を見ながらその話を聞けば、迷うことなく人間の尊厳を肯定するだろう。ところが、キックやスターバックス、あるいはアップルストアのレジの前に立つと、「たしかにそうだけど……」と応じるのではないだろうか。

誰かが何かを変えてくれるのではないか、と待っている自分に気がつくこともある。

僕は待っている。政治家が経済システムや金融システムを変えてくれるのを。教会が凝り固まった構造を破るのを。いいかげんに誰かが教育システムを改革してくれるのを。

　こうして、大部分の人間は起きてほしい変化が起きるのを待っている。

　僕個人としては、起きてほしい変化を起こす唯一の可能性は、ごく単純に、自分で行動を起こすことだと考えるようになった。

　ジャスミンがバングラデシュの劣悪な状況のもとで僕らの服を縫うのを僕は望まない。けれども、誰かが何かを変えてくれるのをいくら待っても、そんなことは起こらない。ミグエルをはじめとするラテンアメリカの子どもたちが僕らの飲むコーヒーを収穫しなければならないなんて、僕は望んでいない。この場合も、誰かが変化を起こすのを待っていても、何も起こらない。また、僕のノートパソコンがまたしても故障したからといって、コンゴ共和国でネーサンに命を落としてほしくなんかない。そう願うなら、僕ら自身が変化を起こさなければならない。

　本章のタイトルを思い出してほしい。

〝世界人口、成長、尊厳――これらはどのように調和するか〟

　ここで答えを出すなら「ぜんぜん調和しない！」となるだろう。

〈実践マニュアル4〉
農場で休暇を過ごす

ここ数年間に、うちの農場は国内および国際的な出会いの場に発展した。ドイツに滞在する難民数名がうちで実習をおこなったほか、故郷から逃亡する必要のない人たちもここを訪れる。その一部は、家政学の州資格を獲得するのに複数の実習を必要とする、ドイツおよびオーストリアの学生たちだ。

そのほかに、まったく異なる理由から訪れる人々もいる。小規模農家の構造に興味を持ち、食品が生産される場所を知りたい人たち。そのためには、数日間農場に住み込み、いっしょに仕事をするのが理想的だから。

ウーフで〝あなたの〟農場を見つけよう

ウーフ（WWOOF, World-Wide Opportunities on Organic Farms）とは、有機農場で働きたい人たちのための非政府団体で、ウーフをとおしてお手伝いする人たちは、ウーファーと呼ばれている。

ウーフは、田舎で自然と密着した生活を送る人々と、そうした生活を体験したい人々を結ぶ、世界的なネットワークだ。食品を自分で生産するのはどういうことか、あるいは小農家がどのように農業で生計を立てているのか、といったことを知りたい人たちや、将来自給自足の生活をしようと考えていて、田舎の農家で試してみたい人たちが、ボランティアのウーファーとして有機農場で働き、農場

ドイツに滞在する難民や学生インターンがボーア農場で研修・実習をする

や家族の一員として一定期間を過ごす。ウーフ・ドイツは、イギリスの団体を手本として一九八七年に設立され、非営利の「有機農場を手伝うボランティア」協会として登録された（www.wwoof.de 参照）。

実際にどのようなものか、簡単に紹介しよう。

■インターネットで先述のサイトを訪れ、加盟農場として、あるいはヘルパー候補として登録することができる。登録費は年間数ユーロだが、新情報や興味深い企画が定期的に送られてくる。このサイトには、有機農場の紹介とともに、複数のヘルパーを必要とする時期が告示される。また、ヘルパーのほうもここにオファーを表示すれば、農場から連絡がもらえる。

■ドイツあるいはほかの国からうちの農場を訪れるウーファーは、農場の仕事を数時間手伝う代わりに宿泊と食事は無料。それ以外の時間は自由なので、周辺地域を探索することができる。

■うちに来てくれるウーファーに農場を案内し、手伝ってもらう期間に予定されている仕事について説明する。

■人々の最大の関心は、有機農法による食品の製造法にあることが多い。うちの農場のもの、ほかの農場のものも含めて。

ウーファーになってみようかな、と考えている人は、まず次のことを自問しよう。

■やってみたいのは、どんな仕事か？

■足腰の力は野良仕事に十分か？（ワイナリーや山地農家では、毎日数百メートル登り下りすることになるケースもある）

■宿泊室、トイレ、バスルームについての希望は？

■どの国、またはどの地域で実行したいか？

質問の答えが見つかれば、あとは簡単。ウーフのサイトで個々の農場をクリックして詳細を確認すればいい。ただし、重要な質問がもう一つある。

■どのくらいの期間をウーフのためにとることができるか？

僕としては最低五日をおすすめしたい。人と農場を知るためには、

畑を起点に世界中の人々とつながる

そのくらいの日数を必要とする。それに、農場の周辺地域を見て歩くことも大切だと思う。

わが家にいながら世界を体験する

難民またはウーファーが毎日数時間、うちの農場の仕事を手伝うケースでは、報酬は支払われない。だが、農家がこのようにして安い労働力を得たいと考えるなら、やめたほうがいい。

近隣または遠方から来てくれるヘルパーの人たちのおかげでおおいに助かっているし、ふだんより早めに仕事が終わることもある。けれども、こうして得た時間はヘルパーの人たちのために使われる。

世界各国の人々がうちの農場に来てくれるのは喜ばしいことで、彼らから世界の情報を得るのを、僕らは楽しみにしている。けれども、うちの小さな農場のことを広い世界に知ってもらいたいとも願っている。ここから生まれたたくさんの興味深い出会いや会話は、その後長いあいだ僕らの記憶に残った。

第5章
グローバル耕作地——二〇〇〇平方メートルで世界に食糧を供給する方法

明日の世界がどのように見えるかということは
いま読み書きを習っている子どもたちの
空想力にかかっている

——アストリッド・リンドグレーン
（スウェーデンの児童文学作家）

二〇〇〇平方メートルの豊穣な土地で世界に食糧を供給する？　いったいどうやって？

農場を訪れる人たちはよくこのように反応する。「二〇〇〇平方メートルで全世界に食糧を」というのが僕のおこなうセミナーや講演のタイトルなのだ。セミナー受講者と違って読者のみなさんは、地球上の人間一人ひとりが二〇〇〇平方メートルの豊穣な土地を持つことを、すでに知っている。これだけの広さがあれば、食品、飲料、その他すべてを生産したり栽培したりするのに十分だということを。

競泳用プールを思い描くといいかもしれない。長さ五〇メートルで八レーンからなるプールの面積は一〇〇〇平方メートルなので、耕地の広さはこの二倍だと考えればいい。

それでは、耕地はどこにあって、何が栽培されているのか？　あなたの持ち分の二〇〇〇平方メートルを管理しているのは誰か？　もしかすると、あなたの望まないものがそこに生育している、ということはないだろうか？　といっても、雑草のことではない。

小さな世界耕地

あなたの持ち分の耕地がベルリンにあると想像してみよう。実際、農業未来基金が二〇一四年からベルリン郊外に〝小さな世界耕地〟を運営しているので、突飛な想像ではない。最初の年には、二〇〇〇平方メートルの土地に世界の縮小版がつくられた。つまり、世界の総耕地面積一四〇億ヘクタールで毎年栽培される植物が、ベルリン郊外の二〇〇〇平方メートルの敷地にまったく同じ割合で栽培された。一五〇平方メートルを大豆に、一〇〇〇平方メートルを小麦、米その他の穀物に、三〇〇平方メートルをトウモロコシに、二〇〇平方メートルを油糧種子にあてたということ。

トウモロコシ、小麦、米、その他の穀物、大豆、油糧種子だけで、一六五〇平方メートルの耕地を占める。残りの三五〇平方メートルに野菜、果物、根菜、豆類、砂糖、タバコ、ゴム、衣料用繊維植物その他いろいろが栽培される。こうしてみると、あなたの耕地ははちきれんばかりになっていることがわかるだろう。

信じられないような話だが、根菜を含む野菜と果物は、全耕地のたった四パーセントを占めるにすぎない。つまり八六平方メートルだ。

では、残りの一九一四平方メートルはどうだろうか。ここで育った植物のうち、実際にあなたの食糧となるのはどのくらいかというと、これがじつにたくさんある。オリーブ油、チョコレート、パン、ケーキ、さらには豚フィレ肉、朝食用の卵などがみんなここで育つ。無数にある養殖場から来る魚にしても、農作物なしには育たない。一〇〇〇平方メートルを占める米、小麦その他の穀物のうち、実際に僕らの口に入るのは半分以下で、ほぼ同量が動物の飼料となる。残りはトウモロコシやジャガイモとともに燃料または工業用原料として消費される。

けれども、世界人口は増加の一途をたどる一方で、豊穣な土は失われつつある。あなたや僕の持ち分である二〇〇〇平方メートルは、耕地として使われながら同時に減少しているというのは、何を意味するのだろうか。公式計算によると、一人あたりの耕地面積は、二〇五〇年には一六〇〇平方メートルになるという。資料や数字はいろいろあるにしても、一つだけ明らかなことがある。

あなたの耕地をめぐる競争は日増しに激化しつつあるということだ。

あなたの耕地を面積ではなく、別の単位、たとえば重量で考察したらどうだろう。これはすぐれた頭の訓練で、目からウロコが落ちる感じで数字が可視化される。ジャガイモまたはニンジンなら八五〇〇キログラム、トマト一万五〇〇〇キログラム、小麦やライ麦などの穀物一二〇〇キログラム、豆七五〇〇キログラム。自分の耕地に何を栽培するにしろ、一人が一年間に摂取できる量をはるかに上回るだけの作物を収穫できることがわかるだろう。つまり、あなたの耕地の一部に衣料用繊維、嗜好品、燃料、飼料といったものを栽培してもまったく問題はないわけだ。問題は、適量を知ることにある。

耕地の全面積をバイオマスエタノールの生産に使ったらどうだろうか。これは、もっぱら燃料が得られるので、ミュンヘン—ハンブルク間約八〇〇キロメートルを車で

家族とヘルパーが協力して耕す

往復することができる。だが、一年間で生産できるエタノールはそれでおしまいだ。耕地からそれ以上の燃料は得られない。

これらの計算値はすべて統計平均値であり、計算モデルの基礎は世界銀行に由来する。世界銀行は、伝統的な意味の銀行とは違う。設立された当初の目的は、第二次世界大戦で荒廃した国々を国連の資金によって経済支援することで、アメリカ合衆国ワシントンD.C.に本部がある。世界銀行の経済学者たちは、発展途上国や新興工業経済国の経済を促進するための基礎は機能的な農業にあることを、最初のころから見抜いていた。地球上のあらゆる国々の農業生産物に関する膨大なデータを集めたのもそのためだ。このデータ収集・評価がなければ、世界中の農民が農業に使用する土地の面積はどのくらいかということは、そもそもわからなかっただろう。

それらの耕地でどの農作物がどのくらい育つか、といったことについてコメントするには、当然のことながら数え切れないほどたくさんの要素が絡んでくる。

たとえば、気候的条件によって不適切な土地もあるため、農耕は地球上のいたるところでおこなわれているわけではない。イギリスより北の地域およびチリより南の地域では、植物の生育期が短すぎる。最低限の日照時間と適切な気温がなければ、農作物は種子から発芽して成熟することはできない。

熱帯地方と極地域のほぼ中間に位置するドイツは、農耕における気温的条件からみると平均的といえるだろう。赤道地方では、気温の面からみると三六五日耕作可能で、一年中収穫できる。ドイツでは、冬は生育期に入らない。ドイツ南部は高度があるために北部よりも生育期はやや短い。こうした要素は耕作に大きく作用する。

だが、あなた自身の耕作地はどこにあるのか？　計算または統計によって、多少なりとも知ることができるのか？　一ついえるのは、あなたの持ち分の二〇〇〇平方メートルは小さく切り刻まれて世界各地に散在している。グローバル化が大きく進んでいればいるほど、あなたの耕地ははるか彼方まで広がっている。グローバル化とは、本当にすばらしいものだ。標高八〇〇メートルのテーゲルン湖畔にいながらにして、僕のグローバル耕地ではオレンジ、レモン、アボカド、バナナ、マンゴー、イチゴが育っているのだから。イチゴはたしかにここでも育つが、クリスマスのころではない。

グローバル化は快適さをもたらしてくれるとはいえ、マイナス面もある。それがどのようなもので、あなたや僕にできる対抗策はあるのか、といったことにはのちに触れたい。ここでは、ベルリン郊外にある〝小さな世界耕地〟に話を戻そう。

耕作が開始されたのは二〇一四年。世界中に分散した耕地をここに再現するのが目標だった。二〇一五年には「一耕地、人間一人、一年間！」という標語が掲げられた。人間一人が一年間、そこで生産される食糧だけで生きられるように二〇〇〇平方メートルの土地を構想する。まずは耕作計画を立てなければならない。どの食糧を考慮するか、貯蔵はどうすればいいか、種類は？　肉食？　菜食あるいは絶対菜食？　全体計画に変化を持たせ、また平均化するために、被験者は一人でないほうがいい。この耕地で一年間にわたって採取されるものを食べるのはつねに一人だが、被験者は何度も交代し、老若男女さまざまな人々が含まれるようにした。

ハヴェル河畔の〝小さな世界耕地〟は、貧しい土壌であっても、一人が一年間に食べる量よりもずっとたくさんの農作物が生育することを示してくれた。ベルリンにある二〇〇〇平方メートルの耕地に対する世間一般やマスメディアの反響は大きく、まもなくここは出会いの場となった。〝小さな世界耕地〟の手入れに携わる人々に大勢が手を貸し、畑からの収穫を受け取ったが、それでもあり余るほどの農作物がとれたのだった。

食糧難の農業大国

ドイツ、ロシア、エチオピア……場所がどこであろうと人間一人は同じ面積の耕地、二〇〇〇平方メートルを持っている。そう考えると、食糧難に苦しむ人々がたくさんいるのは逆説のように聞こえる。

エチオピアといえば、以前からアフリカ大陸における食糧難の象徴で、一九八四年から八五年にかけての大飢饉で一〇〇万人近くの死者が出たこともその一因となっている。この国の状況は、その後どうなったのだろうか？

世界銀行の統計を信用するなら、エチオピアは農業自給自足国家になっている。この国の農産品の輸出は国民の食料品輸入を超過しているからだ。それなのに、八〇〇万人ものエチオピア人が食糧難に苦しんでいる。

また、すでに数年間にわたって経済成長率一〇パーセントを維持するエチオピアは、国際通貨基金（ＩＭＦ）の模範国でもある。それなのに、八〇〇万人のエチオピア人が食糧難に苦しんでいる？

ひじょうに大きな経済成長率のかなりの部分が農業による成長で、農業はエチオピアの国内総生産の半分近くを創出している。それなのに、八〇〇万人のエチオピア人が食糧難に苦しんでいるとは！

この国の農業は、全住民を強制移住させた上で多数の村落を買収することにより成長した。インド、中国、サウジアラビア、韓国といった国々の大手農関連企業が用地としてエチオピアに目をつけ、広大な土地を入手したからだ。一万ヘクタール以上の農業用地もまれではない。オランダの貿易商相手に輸出される切り花用の広大な花畑もあるし、アフリカ大陸全体にわたって大規模な牛の飼育もおこなわれている。牛皮革は靴産業に供給される。エチオピアで靴産業が盛んなのは、労働力がアフリカで最も安いからだ。牛肉の生産量は過去三年間で五八パーセント増加したというのに、いまだに八〇〇万人のエチオピア人が食糧難に苦しんでいる。しかも、その数は上昇傾向にある。

統計値をみればエチオピアは数年来高度経済成長を遂げているが、その受益者は国民ではなく、外国の大手複合企業だ。エチオピアを例として取り上げたのは、アフリカ、アジア、ラテンアメリカのたくさんの国々の代表としてにすぎない。植民地主義をウィキペディア（ドイツ語版）でみると、「たいていは国家による国境外領域の所有化で、植民者による原住民の服従、追放、殺害を伴う」となっているが、これは遠い過去の話だと僕は考えていた。だが、じつは形態が変わっただけで、現在におけるこの動きの主導者は、国家ではなく大手複合企業。グローバル化の最も暗い側面の一つといえるかもしれない。

それでは、エチオピア人一人ひとりの持ち分である二〇〇〇平方メートルと、ドイツ人（または別の〝第一世界諸国〟の人）一人ひとりの持ち分である二〇〇〇平方メートルに、どのような違いがあるのだろうか？

答えはいたって簡単で、僕らにはそこを利用することができる。ところが、それだけでは十分ではない。僕らのするべきことは、もっとたくさんある。

思い出してほしいのだが、耕地二〇〇〇平方メートルのほかに、五〇〇〇平方メートルの牧草地と五〇〇〇平方メートルの森林がある。耕地二〇〇〇平方メートルで足りないならば、森林とか牧草地を耕地にすればいいのではないか？　残念ながら、そうすることはできない。森林や牧草地の大部分は耕作に適さない地域にあるからだ。気温が低すぎる、降雨量が少なすぎる、表土が薄い、傾斜が急である、といった理由から。それに熱帯雨林を耕地に変えたら、気候に破壊的な影響をおよぼすことになる。つまり、耕地の拡大は長期的にみると不可能で、それをあえておこなえば、気候変動や異常気象により、持ち分である二〇〇〇平方メートルを失うことになりかねない。

けれども、実際には世界の耕地を拡大するこれといった理由はない。というのも、僕らの耕地には各個人の口に入る多種多様なものが生育しているからだ。

耕作者はミミズ

それは二〇〇七年の秋、すでに農業に従事していたが、ボーア農場を開く前のことだった。僕らの属するミースバッハ地区で、遺伝子組み換え作物ゼロの地域を作ろうとする人々が集まって利益団体が形成された。この地域は畜産業が主流なので、遺伝子組み換え作物については、大きく取り上げられたことはなかった。しかし、遺伝子組み換えによる大豆が牛の飼料として多量に使用されており、ミースバッハ地区はその点で知られていた。

ミースバッハ・フレックフィー種の牛は地域の景観の一部ともなっており、数の上でもほかの種類の牛の比ではない。ここから世界中に輸出されているが、従来農法による農場のほとんどではタンパク質の多い濃厚飼料が使われる。これには遺伝子組み換え大豆が含まれ、表示義務に従って袋に小さな文字で「遺伝子組み換え大豆を含む」ということわり書きがある。しかし、この牛から生産される牛乳や牛肉には表示義務はない。実験室でおこなわれる食品検査でも変化は確認できないからだ。

ミースバッハ地区を遺伝子組み換えゼロにするための利益団体では、農場経営者に理解してもらうことが最大の関心事だった。当時、同業者の多くは遺伝子組み換え問題についてほとんど知らなかった。それを変えるために、農家に情報を与えるとともに、農家と消費者を一堂に集めての説明会もおこなわれた。

こうした説明会で、ときどきドキュメンタリー映画を上映したが、その多くはミュンヘンの映画監督ベルトラム・フェアハークの制作したものだった。シビルクラージュ・ミースバッハ（利益団体の名称）は、ベルトラムと深い関係を持っている。彼はここ二〇年間に、代替農法についてのすばらしい映画を多数制作している。僕らの活動の目標は、農家と消費者を一堂に集め、映画を観るとともに、それに続くディスカッションにも参加してもらうことだった。それにより、農場経営者に対して批判的な質問をする機会が消費者に与えられる。このような質問をとおして、しばしば同業者どうしのディスカッションを超える結果が生まれた。

二〇〇七年秋におこなわれたある会合で、ベルトラム・フェアハークの新たな映画が上映された。「Der Bauer mit den Regenwürmern（ミミズを持つ農民）」というタイトルの四五分のドキュメンタリー映画で、次のような簡単な説明がついていた。

セップ・ブラウンとイレーヌ・ブラウンは、一九八四年から有機農法を営んでいる。フライジング近郊にある僕らの農場では、有機農耕とともに有機畜産がおこなわれている。有機農法は、気候変動に対する彼らの答えといえる。従来農法による耕地の場合、一平方メートルあたりに棲息するミミズは一六匹だが、ブラウン夫妻の営む耕地ではその二五倍が存在する。

勤勉なヘルパーであるミミズの生活条件に彼らが留意しているのは当然といえるかもしれない。ミミズの〝住まい〟は耕運機などの重機で一様に掘り返されることはなく、手ずからまくクローバーとハーブをミックスした種子は、小さなヘルパーたちの冬の餌となっている。ミミズの排泄物は、一年に最高二センチの腐植土を形成するほか、彼らの掘る深さ二メートルの細い穴により、土壌は一時間に一五〇リットルの水を吸収し、土中に保存できる。

土壌肥沃度が高まったため、ブラウン夫妻の農場では、化学肥料を使う近隣農家よりはるかに高い生産性が得られるようになった。それは巷《ちまた》のうわさとなり、セネガル共和国大統領夫人が訪問したいと言ってきたほどだ。

僕ももちろんこの映画を観たが、映画が終わらないうちに明らかになったことがある。うちの農場で生育するあらゆる植物について、僕はいつも考慮していた。できるだけたくさんの種類の草やハーブが育ってほしいと願っていた。ところが、草の下の部分、地面の表層のその下の部分がどのように見えるのか、そこで何が進行しているのか、といったことを考えたことは一度もなかった。

それはその年の一〇月半ばだったが、牧草地をその年最後に刈ったのち、さっそくうちのヘルパーたちであるミミズを数える作業に取りかかった。折りたたみ定規を二本、一メートルのところで直角に曲げて地面に置き、一平方メートルの正方形をつくる。じょうろの先にハス口をつけて、二ないし三リットルの水をこの正方形にまんべんなくかける。しばらくするとツリミミズが地表に出てくるので、手早く集めて数を数える。ちょっとしたミミズ調査だ。そのときまでミミズを気にかけたことはなかったにもかかわらず、九九匹見つかったので、僕はちょっぴり小鼻をうごめかせた。

それに続く二年間、ミミズのことをもっと気にかけるようになった。ミミズたちが存在することがわかったわけだし、彼らが僕のために、というより、牧草地のためにどんなはたらきをするかがわかったから。彼らがいつ活動し、いつ睡眠をとるか、何を好んで食べるかがわかったし、十分な食物があれば増殖しやすいこともわかった。当時雇われて管理していた農場を二〇〇九年に去ったが、それまでの二年間に、簡単な方法によりミミズの数を三倍近くに増やすことができた。

複雑な生命システムである土壌とほんとうに真剣に向き合うようになったのは、ここボーア農場に自分たちの野菜畑や耕地をつくってからだった。定期的に土を手に取り、においを嗅ぎ、口に含み、土がツリミミズ以上のものを提供してくれることを知ったのは、このときが初めてだった。それ以来、土というテーマと深くかかわるようになった。なぜなら、ニンジンはどこかで勝手に成長するのではなく、ほかでもない土がニンジンを成長させるということがわかったから。同じ種をまいても、土によってぜんぜん異なる育ちかたをすることがわかったから。

土を完全に理解した人は、おそらくまだいないだろう。僕の個人的見解は、科学的には素人的といえるかもしれない。その理由は、僕が重要視することは、科学が扱わないものだからだ。僕にとっては精神的な側面もかなりの役割を果たす。生命エネルギー、霊性……何と呼んでもかまわないが、これらはあらゆるテーマに含まれ、とくに土にそれがいえる。足下の土を理解し始めてからというもの、手を土に入れて仕事をするたびに深い畏敬の念を感じるようになった。

土をなつける

資源と呼ばれるものは、ことごとく土から生まれるか、あるいは土のなかに貯蔵されている。木、木炭、原油、天然ガス、バイオマス、野菜、果物……。土の重要性は、僕らの住む惑星である地球と土に同じ言葉が使われていることからもわかる。ドイツ語では「Erde」、英語では「earth」だ。

南アメリカの先住民の言葉「パチャママ（pachama-ma)」は、単に地面を意味するばかりではない。母なる大地であるとともに、あらゆる生物に生命を与える女神でもある。そのため、この民族はパチャママをとおしてあらゆる生物とつながりがあると信じ、動植物を人間と同等にみなしている。

それでは、地面とはいったい何だろう？　地殻の水に覆われていない部分という以上のものであることは間違いあるまい。次に引用する短い定義に、その本質が表現されているように思う。

「地面は土または表層土とも呼ばれ、概して地殻の生物の棲む部分。下部は固定した岩石または緩んだ岩石と接し、上部は大部分が植物の層になっている」

つまり、地殻の生物の棲む部分。実際にどのくらいの生物がいるかということは、少量の土を手に取って見ただけでわかる。肉眼で見えないものは、顕微鏡で見ることができる。ひと握りの土には、地球上に住む人間よりたくさんの生物が存在するのだ。

世界人口が二〇五〇年に一〇〇億人に達したとしても、

やはりひと握りの土に棲む生物のほうがはるかに多い。クモ、ミミズ、蛆虫《うじむし》、地虫、菌類、それに無数の微生物が、腐植土、砂、粘土、石とともに人間の生活基盤をなしている。地面にこれほどたくさんの生物が存在するのは、有機物つまり動植物が、持続的に腐植土に変化しているからだ。その過程はひじょうに緩慢で、一〇センチの肥沃な土が自然に形成されるのに二〇〇〇年を要することもある。この一〇センチの厚さの土は、一ヘクタールあたり約四〇〇トンの重さがある。だが、現代における工業型農業の土の扱いかたにより、一ヘクタールあたり年間一〇トンの貴重な腐植土が恒久的に失われている。つまり、集中的な工業型農業を四〇年間続ければ、自然が二〇〇〇年かけて築き上げた土壌が失われてしまうことになる。

いまから約一万二〇〇〇年前、人類は定住生活を始めた。森林を開墾して、そこに植物を植えたり動物を飼育

豚が１日中、その固い鼻で畑をくまなく耕してくれるから、耕運機はいらない

したりするようになる。自然空間に手を加え、自然の土地（ネイチャーランド）は耕地（カルチャーランド）となった。耕地とは農地のことだ。狩猟採集の生活から農耕生活に移行したことで、人口が爆発的に増加した。農耕民は食糧を確実に得られるようになり、養うことのできる人間の数が増えたことから人口は増加の一途をたどるとともに、農業形態はますます集中化していった。そのため、農耕生活はほぼ全世界に広まった。

だが、この発展は、土にどのような変化をもたらしただろうか？　このとき僕が想像するのは、フランスの作家アントワーヌ・ド・サン＝テグジュペリの小説『星の王子さま』のなかのシーンだ。王子さまが初めてキツネに会ったときのこと。王子さまは、それまでキツネを見たことがなかったので、動物に向かって、「おいでよ。いっしょに遊ぼう」と言った。するとキツネは、「いっしょに遊ぶことはできない。だってぼく、まだなつけられてないんだから」と答えた。

最初の農耕者が現れるまで、土もそうで、パチャママが創ったままの状態だった。このとき王子さまは、ほんの少し考えてから、「なつけるってどういうこと？」とたずねた。するとキツネは、

「なつけるってさ、いまでは誰からも思い出されなくなっちゃったけど、おたがいに親しくなるってことだよ」

「したしくなる？」と、王子さまが訊いた。

「きみはぼくにとってただの小さな男の子で、ほかのたくさんの男の子たちと変わらない。ぼくはきみを必要としないし、きみだってぼくを必要としない。きみにとってぼくは、ほかの何十万ものキツネと変わらないからさ。だけど、きみがぼくをなつかせたら、ぼくらはたがいに相手を必要とするようになる。きみはぼくにとって世界でたった一人の男の子で、ぼくはきみにとって世界でたった一匹のキツネ……っていう具合に」

土もこれと同じで、農民は土をなつかせなくてはならない。土のことを知るとともに、土のそばにいなくてはならない。そうすることで、土にとってたった一人の農民となり、土は農民にとって唯一の土となる。農民と土は、たがいに世話をし合うようになるし、それは必要なことでもある。

僕が土の世話をやめれば、その部分の土地はしだいに荒れて、いつしか再び森になるだろう。約一万二〇〇〇

年前にそうだったように。この過程は、多数の高山牧場で現在起きている。農耕民が夏季に家畜を高山で放牧するために森林を開墾したのは四〇〇〇年ほど前。ふもとの谷の牧草を冬の飼料として残しておくためだ。放牧牛から解放された牧草地では、植物社会と多様性が発展する。これは、今日では高山牧場にしかみられない。近年になって高山牧場の多くは採算がとれなくなり、放棄された。こうして高山牧場が消滅するとともに、たくさんの種類の植物も消えていく。

高山にしろ谷にしろ、植物の種の豊かさを保ちたいと思ったら、土のある場所にいる必要がある。それは僕の土であるとともに、僕に土を委託した多数の人々の土でもある。

それでは、土は僕らに食糧を供給するほかには何をしてくれるのか?

森林や海のそばの土は、実際に温室効果ガスである二酸化炭素を多量に蓄えている。土は温室効果ガスの許容量がとても大きいので、土にやさしい農業により土が増えれば、もっと多量の二酸化炭素を長期的に貯蔵することができる。逆に不適切な農耕によって腐植土が失われると、二酸化炭素を蓄えることができなくなるだけではすまない。土が分解されて構成要素がばらばらになれば、土中に含まれる二酸化炭素が空気中に放散されるため、気候変動はさらに加速する。〝気候災害〟という表現もたびたび使われる。だが、地球の持つ病気は〝土災害〟と呼ばれるべきだと僕は考えている。気候災害はこの病気の一症状にすぎない。

二〇一五年は、国連により国際土壌年に指定された。ドイツ連邦環境庁の発表によると、「ドイツにおける居住地区および交通関連用地の四六パーセントは被覆されている。つまり、建物が建っている、コンクリートやアスファルトなどが敷かれている、あるいはほかの何かに覆われているということ。そのために土壌の重要な作用である水分吸収力や豊穣力が失われている。居住地区や交通関連用地の拡張により、土壌の被覆はますます進み、一年あたり一〇〇平方キロメートルと推定される」。

実際には、土壌はこの記述よりはるかに大きな規模で食いつぶされつつある。ここでいう一〇〇平方キロメートルに含まれるのはアスファルトやコンクリートが敷かれる土地だけで、じつはこのほかに広大な地面が失われている。つまり、僕らに食糧を供給する農業用地、野菜や穀物の耕地が日に日に消滅して、居住地区、商業地区や工業地区に変えられている。国際土壌年に定められたまさに二〇一五年、商業地区における人口増加を緩和するために牧草地を宅地に変えようという計画が、バイエルン州財務・国土開発・故郷相マルクス・ゼーダーにより発表された。

土壌と経済——この敵対する二つの持つ成長構想は、正反対ともいえるほどに異なっているのだ。

〈実践マニュアル5〉
ミミズ箱で腐植土をつくる

一人が一年に出すバイオ廃棄物（生ごみ）は約一二五キログラムといわれている。この数字は廃棄物処理業者のバイオ廃棄物用コンテナに入れられるもので、実際にはこれよりはるかに多い。その他のごみとして捨てられたり、家庭用生ごみ処理機で処理されるバイオ廃棄物は考慮されていないからだ。

家庭でコンポスト化するすぐれた方法にミミズ箱がある。ミミズ箱はにおいがなく、生ごみを価値の高い腐植土に変化させる。

インターネットで検索すると、ミミズ箱のつくりかたは数十種類見つかるが、ほとんどのものは毎日の使用にはやや込み入っている感じがする。

用意するもの

重ねられる箱　四個
ドリル
工作用テープ
（場合によって）排水口のバルブ
刻んだボール紙
土
馬糞　二キログラム
ミミズ
バイオ廃棄物（生ごみ）

箱を準備する

僕のミミズ箱は、食肉加工業者が処分したプラスチックのケースを利用している。肉の保存や輸送に使われる赤いケースは、食品衛

食肉加工業者が処分したプラスチックケースが僕のミミズ箱だ

生基準に沿わないという理由で頻繁に処分される。このケース四個とドリルがあれば、ミミズのホテルはできる。ケースの側部に開口部がある場合は、内側からテープを貼ってふさぐだけでいい。

箱の一つはコンポスト装置の土台で、腐植土ができる過程で出る水分がここにたまる。これは貴重な肥料なので、土台の箱にバルブ付排水口をつくるといい。第二、第三の箱の底に直径六~八ミリの穴をたくさん開ける。これでミミズ箱はできあがり。次は箱の中身を用意する。

中身を詰める

穴を開けた箱一つの底に、細かく刻んだボール紙を敷く。これで水分がはけるとともに通気にもなる。その上に土を二~三センチの厚さまでかける。

次は二つの重要な要素、ミミズと馬糞。ミミズは釣り道具店またはミミズ養殖の通信販売で手に入る。知人ですでにミミズ箱を持っている人がいたら、分けてもらうこともできる。いずれにせよ、かならずミミズを使い、熟成した馬糞二キロとともに箱に入れる。こうしてミミズは働き始める。

ここで箱三つを積み重ねる（四つめの箱はのちほど使う）。いちばん下に排水口のある箱を置き、その上にミミズの入った箱を、その上に穴のない箱を蓋代わりにのせる。いちばん上の箱には、ミミズ養殖に必要な道具を入れればいい。

バイオ廃棄物、つまり生ごみが出たら、そのつどミミズの入った箱に入れる。四人ないし五人家族の出す生ごみを全部入れても大丈夫。

ミミズ箱の置き場所にもよるが、箱の開口部すべてを細かい網でふさぎ、うるさいショウジョウバエが箱から出ないようにするといい。

ミミズの餌となる生ごみを細かく刻み、いつも同じ側に入れることをおすすめする。そうすることで、ミミズは気が向いたときに餌を取りにいくことができる。

この箱がいっぱいになったら、四つめの箱を使う。四つめの箱の底に、まず細かく刻んだボール紙と土を敷き、馬糞を少しのせ、それまでミミズの棲みかだった箱の上（蓋用の箱の下）に置く。こうすると、ミミズは一階上に上り始

郵 便 は が き

料金受取人払郵便

晴海局承認

8107

差出有効期間
平成30年 9月
11日まで

1 0 4 8 7 8 2

9 0 5

東京都中央区築地7-4-4-201

築地書館 読書カード係 行

お名前	年齢	性別	男・女
ご住所 〒			
電話番号			
ご職業（お勤め先）			

購入申込書 このはがきは、当社書籍の注文書としてもお使いいただけます。

ご注文される書名	冊数

ご指定書店名 ご自宅への直送（発送料230円）をご希望の方は記入しないでください。

tel

読者カード

ご愛読ありがとうございます。本カードを小社の企画の参考にさせていただきたく存じます。ご感想は、匿名にて公表させていただく場合がございます。また、小社より新刊案内などを送らせていただくことがあります。個人情報につきましては、適切に管理し第三者への提供はいたしません。ご協力ありがとうございました。

ご購入された書籍をご記入ください。

本書を何で最初にお知りになりましたか？

□書店　□新聞・雑誌（　　　　）□テレビ・ラジオ（　　　　）
□インターネットの検索で（　　　　）□人から（口コミ・ネット）
□（　　　　）の書評を読んで　□その他（　　　　）

ご購入の動機（複数回答可）

□テーマに関心があった　□内容、構成が良さそうだった
□著者　□表紙が気に入った　□その他（　　　　）

今、いちばん関心のあることを教えてください。

最近、購入された書籍を教えてください。

本書のご感想、読みたいテーマ、今後の出版物へのご希望など

□総合図書目録（無料）の送付を希望する方はチェックして下さい。
＊新刊情報などが届くメールマガジンの申し込みは小社ホームページ（http://www.tsukiji-shokan.co.jp）にて

める。

ミミズ堆肥のできあがり

　一週間ほどすると、最初の箱にミミズはいなくなるので、できた腐植土を庭に使うことができる。

■ミミズ箱が乾燥しないようにすること。ときどき少量の水をまくか、コーヒーや茶の残りをかけてもいい。余分な水分は下の箱に滴り落ち、貴重な肥料となる。

　最下部の箱にたまった液体肥料は、まき水に少量混ぜて耕地にまく。または、黒い土〝テラ・プレタ（後述）〟をつくるときに利用することもできる。

　ミミズの餌が足りない場合は、見てわかるはず。

■数匹のミミズが箱の外に出ようと試みている場合（外に餌があると願ってなのか？）には、もっと生ごみが必要だ。

　箱のなかのミミズは食欲旺盛で、定期的に餌を必要としている。休暇で旅行に出るときは、馬糞を適量、箱のなかに入れるといい。馬糞にはミミズの食糧が多量に含まれている。

ミミズは1週間ほどで生ごみを堆肥にしてくれる

テラ・プレタ——熱帯雨林の奇跡

テラ・プレタのことを聞いたことはあるだろうか？ 熱帯雨林、正確にはアマゾン盆地に、特別に豊穣な漆黒の土が多量に存在するのが科学者により発見された。魔法の土ともいえるこの土は浸食に強く、豊穣さを失うことなく通常の数倍の収穫をもたらす。アメリカ先住民族であるインディオは、土の神パチャママがこの魔法の土を創ったと信じている。ポルトガル語で〝黒い土〟を意味するテラ・プレタを研究した科学者たちは、腐植土以外の物質がそこに含まれていることを確認した。それは、相当量の木炭やバイオ炭のほか、細かい陶器の破片、人間や動物の排泄物、そのほか今日バイオ廃棄物と呼ばれるものからなる。

テラ・プレタの大部分は、アマゾン川沿いの、大昔の村落のあった場所に存在する。おそらく当時の人間はバイオ廃棄物を陶器のつぼに集め、さらに排泄物を入れ、においを緩和するためにかまどから出る灰や炭の一部で覆ったと推測される。しばらくしてから腐敗した中身を畑にまいたのではないか、というのが科学者たちの理論をやや簡略化したものだ。

テラ・プレタにじっくりと取り組むと、現代の諸問題の多くを一度に解決する潜在性を持つことが明らかになる。

短期間のうちに世界中の食糧難を克服し、驚異的な気候変動を止めることができる、と信じる科学者もいる。収穫が大幅に増加すると同時に土壌がさらに肥沃になれば、食糧難は一掃できるというわけだ。

また、温室効果ガスを土中に保存することで地球温暖化にブレーキをかけることになるだろう。現在では、この魔法の土はアマゾン川流域以外の地域にも、多少異なる構成ではあるが存在することがわかっている。さらに、ケルト人も魔法の土についての知識を持っていたことが、その発掘物から推測されている。

科学者が熱狂的に語り始めると、僕はふつう、まず疑ってかかる。けれども、みずからボーア農場でテラ・プレタを〝つくり〟、野菜畑や温室で使った結果、僕もほんとうに夢中になった。〝魔法の土〟という異名がまさにぴったりの土。もしかすると、パチャママがほんのちょっぴり、なかに潜んでいるのかもしれない。

しかも、食糧難を克服する潜在性があるのだ。けれども、単純きわまりない理由から、人類がこの道を進むことはあるまい。つまり、これは儲けにならない。もっと大きな機械を導入し、新種の農薬を使うほうがはるかに大きな利益をもたらす。そこから十分な利潤がある限り、テラ・プレタが広域にわたって使用されることはあるまい。

〈実践マニュアル6〉
テラ・プレタをつくる

テラ・プレタを自分でつくるなんて、可能なの？　母なる自然が何百年も要したプロセスを短期間で模倣するなんて、無理に決まってる！

たしかにそのとおり。でも、熱帯雨林の魔法の黒い土によく似たものをつくることはできる。言い添えるなら、自分でつくった黒い土をテラ・プレタと呼べない理由が一つある。〝テラ・プレタ〟という名称は、あるドイツ企業により商標として登録されているからだ。実際にこの企業は、熱帯雨林の土壌とよく似た土を製造している。

炭によって熱帯雨林の魔法の黒い土をつくり出す

材料を準備する

肥沃な土のいたって単純な基本ミックスの材料は、あなたの家にすでにあるものか、でなければ農業用品販売店で手に入る。

堆肥　二〇キログラム
（ミミズ箱から得られるものなど）
原生岩を砕いたもの　五〇〇グラム

木灰　一〇〇グラム
（薪窯オーブンから出るものなど）
細かく砕いた木炭　一キログラム
（木質再生加工薪は不可）
おがくず　二〇〇グラム
（新しい木材のものが好ましい）
基本ミックスはこの材料全部をよく混ぜるだけでいい。

木炭を砕く前に、ミミズ箱から

出る液体肥料に浸すと、はるかに良質の自家製〝黒い土〟になる。木炭は気孔が開いているため、多量の水分を吸収することができる。

作成プロセス

■木炭をまる一日液体肥料に浸したら、数日間日光にあてて乾かす。肥料の水分は蒸発し、栄養分は木炭のなかに残る。

■乾燥した木炭をできるだけ細かく砕く。粉砕機を使うか、またはビニール袋に入れてハンマーでたたく。

■野菜畑がどちらかというと砂地の場合は、木灰一〇〇グラムと陶器を細かく砕いたもの五〇〇グラムを基本ミックスに追加すると、効果が高まる。

　木灰にはホウ素が含まれており、この半金属は植物の代謝を大きく高める。腐植土の豊富な土壌には、砂の多い土壌よりもホウ素がはるかに多く含まれる。

　陶器の粉は、のちに土中で腐植土と混ざる。それにより砂を含む土は浸食に対して強くなる。

　この基本ミックスは、混ぜたらすぐに使える。

　価値をぐっと高めるために、基本ミックスをバケツ一個分以上つくり、戸外のあまり陽光のあたらない場所にしばらく放置するといい。森の外縁部などが適している。

■基本ミックスを地面に置き、細長い畝状にする。

■畝の上に熟成した馬糞または牛糞を薄い層になるように置き、その上に森の土を少量のせ、さらに

自家製テラ・プレタ。木炭が決め手

干し草または藁《わら》をかぶせる。

■半年後に畝を置換する。つまり、基本ミックスを下からすくってよく混ぜ、空気を入れる。置換した畝にもう一度干し草または藁をかけ、さらに半年放置すれば、〃黒い土〃のできあがり。

この作業はどうしても必要というわけではない。けれどもコンポスト化のサイクルをひとたびみずから手がけ、培養土をつくるようになれば、土という現象はあなたの心をとらえて離さないだろう。

土を無菌化する

培養土について、ひと言つけ加えておきたい。自家製の土に自家製の種子をまく場合には、無菌の培養土をおすすめしたい。この土には芽を出す種子は含まれないので、芽が出たら、自分で植えた種子のものだと確認できる。

■家庭用の培養土を無菌にするには、古いジャガイモ蒸し器を使うといい。黒い土数キログラムを蒸気により殺菌できる。

土の温度が十分に上がれば、土中に存在する種子は熱により生命力を失う。ただし、微生物の大部分も熱に耐えられないため、栄養分は土中に残るとはいえ、生物構造の大部分は蒸気により破壊される。

うちの農場では無菌化した土を使うことに決めた。もちろん自家製の土を無菌化せずに使用することもできるが、その場合は、スチームした無菌の土で上部を薄く覆う。こうすることで、発芽に光を必要とする植物の成長を防ぐことができる。どの状態の土を使うかは、あなた自身の決定に従えばいい。

自家製テラ・プレタは、厳密にいえば熱帯雨林の肥沃な土の模倣にすぎない。それでもあなたはきっと喜びを感じるはずだし、植物はお礼のしるしにめきめきと成長するだろう。

第6章
肉の消費について

やめる潮時を知ることほど、獲得するのが難しい知識はない。

――ジョナサン・スウィフト（アイルランドの作家・司祭）

妻と三人の子どもからなる僕の家族は、意識的に畜産品や肉を含む食生活を選んだ。肉やソーセージ、卵などは、うちの農場で生きている動物や育った動物のものだけなので、自然のリズムに合わせて畜産品をとるようになった。つまり、食肉加工施設で畜殺した直後には、未加工の肉をわりと多めに食べるし、それ以外のときには保存用に加工した肉製品を食べるか、肉を食べない時期もある。鶏が卵をたくさん産んだら、卵を多めに食べ、卵を産まない時期には卵は食卓にのらない。

仮に菜食に決めたとしても、農場の家畜の種類はいまと同じくらい豊富だと思う。というのも、牛乳や卵はとるので、動物の排泄物を肥料として畑に使うからだ。

それに、肉食か菜食かを決定するだけでも、ほんとうに理にかなった決定をするためには、動物の扱いや肉製品製造についての豊富な知識が必要だということもわかった。

だが、最も本質的なのはどのポイントか？　ここにいくつかの事実をあげるが、決定するのはもちろんあなた自身だ。いちばん重要な側面を最初に提示しよう。人間の食糧を奪う直接的なライバルである動物がいることだ。

ここで、もう一度思い返してほしい。僕ら一人ひとりが世界のどこかに二〇〇〇平方メートルの耕地を持つほかに、五〇〇〇平方メートルの牧草地がある。耕地で育つ植物は食品だが、牧草地で育つ植物が直接的にあなたの食卓にのることは、ふつうはない。そのため、牛、羊、山羊は食糧をめぐるライバルではない。彼らの持つ消化器官のおかげで、五〇〇〇平方メートルの牧草地で育つものだけで生きることができる。反芻動物である牛、羊、山羊の持つ消化器官は、牧草その他のセルロースを含む植物を消化できる構造を持つ。

鶏、七面鳥、アヒル、ガチョウ、豚は僕らと同じく穀物を主食とするので、二〇〇〇平方メートルの耕地で育つ植物を僕らと分け合うことになる。ここではほかの動物を考慮に入れない。というのも、西ヨーロッパで食用となる主要な動物といえば、鶏、豚、七面鳥、牛、ガチョウ、アヒル、羊、山羊だから。

耕地で育つ小麦を豚が食べようが僕が食べようがかまわないではないか、と考えることもできるかもしれない。「豚がかじったレタスのほうがずっといい」をモットーに。だが、じつはそういうわけにはいかない。あなた自身が小麦、ジャガイモ、野菜を食べるか、それともそれらの農産物を遠回りしてカツレツとして食べるか、では大きな違いがあるからだ。あなたが小麦一キログラムを食べれば、五日分の食糧となるのに対し、豚が同量の小麦を食べれば、中くらいの大きさのカツレツ一個にしかならない。

それなら、今後は僕らの食糧を横取りしない動物、つまり牛や羊や山羊の肉だけを食べることにすればいいではないか、と論じることもできるかもしれない。だが、ここにも問題がある。農業の工業化により、こうした動物は牧草や干し草のほかに多量の穀物を餌として与えられるからだ。家畜が通常よりずっと速く肥えて最短期間で成長するために、それは欠かせない。おかげで家畜小屋を拡張せずに多数の家畜を同時に飼育することができるようになり、生産コストにまたしてもプラスになる。

この方法のおかげで、肉はスーパーで最安値で手に入るようになった。肉の値段が下がったことで、肉への需要は上がる。いまや巨大な畜舎をあらたに建設するか、あるいは家畜をもっと速く太らせるかしなければならない。こうして新しい交配種が必要になる。牧草や干し草の必要量をさらに減らし、代わりにもっと多量の穀物を食べることのできる家畜。その結果、耕地二〇〇〇平方メートルはますます厳しい競争にさらされる。

またしても悪循環というわけだ。

現在一般的な畜産法に従えば、一人あたりの持ち分二〇〇〇平方メートルで一年に豚二匹、または一年に八〇〇個の卵を産むだけの鶏を飼育することができる。だが、耕地で生産される作物はすべて動物の飼料となるので、あなたの食糧は何も残らない。さらに養殖魚を食べたければ、その餌も出さなければならない。現在の魚介類養殖には、畑でとれる穀物が欠かせないからだ。

ここで養殖魚についてちょっと触れておきたい。乱獲により海水魚は激減したので、養殖に頼るほかない。昨年、僕は家族とともにバルト海のそばの有機農場で休暇を過ごした。海辺での家族休暇は初めてで、北海沿岸から船でワッデン海国立公園を周遊した。そのとき同船した国立公園管理人の女性から、海という生活圏についていろいろな話を聞いた。〝混獲〟にまつわる話を知ったのもこのときのことだった。

混獲とは、漁獲対象外の魚介類が捕らえられてしまうことで、そういった魚介類の大部分は海に捨てられる。遺憾ながらほとんどが死んだ状態だ。小エビ捕獲船では八〇パーセントが混獲で、二〇〇キログラムの小エビを得るために八〇〇キログラムの死んだ魚介類が海に捨てられることになる。捕獲されたエビはどうなるかというと、保存料を大量に使ってモロッコまで輸送され、そこで皮をむかれて再び保存料とともに再びドイツに送られ、北海産小エビとして売られる。だが、この話の最も恥ずべき点は混獲で、五万平方メートルの海でなぜ足りないのか、これで理解できるというものだ。

これを聞いて、遅からず菜食にしようと考える人もいるかもしれない。牛乳と卵はいいかもしれないけれど、肉と魚はやめようかな、と。そうすれば、少なくとも動物は死ななくてすむ。

実際にはそれほど簡単な問題ではない。

牛や鶏の飼育についても人類は極端に走ったやりかたをしている。乳をよく出す牛を飼育する場合にはオスの仔牛が問題だし、食肉に適した牛の飼育の場合は逆にメスの仔牛が問題となる。両方のケースにおける〝簡単な〟解決策は、それぞれ〝余計な〟仔牛を出生後すぐに殺すことだ。ただし、農家の多くはいわゆる両用種に依存しているため、この方法は牛の飼育において一般的ではない。両用種の場合、乳牛の乳量、肉牛の体重増加とともにまずまずだが、どちらも飼料として多量の穀物を与えることを前提とする。つまり、のちにあなたの口に入らなくなる。そうなると、別の人の持ち分である耕地から取ることになる。

養鶏におけるやりかたははるかに極端といえるだろう。鶏卵生産はもとより、チキンロースト、鶏胸肉、チキンウィングとなる、比較的ラッキーな大量の食肉用の鶏にもそれはいえる。

採卵鶏の場合、オスは生まれてすぐにガスまたはシュレッダーで処分される。ドイツでは、年に四五〇〇万羽のヒヨコがそのように残酷に殺されている。このようなヒヨコの淘汰に道徳的問題があることは明らかだが、あなたの耕地にもダメージを与える。

採卵鶏一羽が卵を一個産むためには、一三〇グラムの穀物を必要とする。オスであるために殺される四五〇〇万羽のヒヨコが生まれるために、まず母鶏は四五〇〇万個の卵を産まなければならない。これだけの数の卵を産むには、六〇〇万キログラムの穀物を食べたことになる。これだけの穀物があれば、世界中のスラムに住む子どもたち一五万人が一年間生きるのに十分な食糧となるのに。

うちの家畜が人間のライバルとならない理由

菜食にするかどうかを決定するにあたって、こうしたことをすべて考慮した。うちの家畜はうちで幸せな生活を送って成長するという単純な事実によって、ほかの論拠が変わるわけではない。それでも、飼育する動物の選びかたしだいで、世界耕地をめぐる競争を最小限に抑えることができる。ボーア農場では、その方法がとられている。

僕らの魔法の公式は、古い種類の家畜だけを飼育すること。この種の家畜の大部分は絶滅の危機に瀕しているが、大量に殺されたのは、新しい育種にくらべて収益性が低すぎるからだ。ふたつの古い種類を交配させて両親のメリットを交配種に統合する試みは、僕らもおこなっている。

うちで飼育している豚は、デュロック種（母）とトゥロポジェ種の交配種だ。トゥロポジェ種は旧ユーゴスラヴィア産で、河川沿いにある牧草地の草を食ませるため

わが家の豚は、牧草で育つ古いヨーロッパ種。餌で人間と競合しない

に放牧された。しかし、内戦中に密猟がおこなわれ、完全に姿を消した。絶滅をまぬかれたのは、古い種を好むオーストリア人が内戦中に数匹を捕獲し、違法に越境させたからだった。

この種の豚の特殊性は、穀物を与えることなく牧草だけを餌として育つことだ。うちの豚は年間をとおして放牧されているので、餌の大部分は牧草であるほか、自分で牧草地まで行くのでかなりの運動量になる。四カ月で一〇〇キログラムまで肥えて〝畜殺年齢〟に達するわけではない。だいたい一五カ月に達したところで食肉処理にまわす。牧草のほかには、畑の野菜も餌となる。それらは部分的に傷んでいるために保存できず、収穫後にはねた野菜で、豚が食べなければ廃棄されるものだ。つまり耕地を競い合うライバルとなることはない。

うちの鶏は、フランスの古い種類、ブレス鶏だ。こう呼ばれるのは、ほんとうにリヨンの北に位置するブレス地方に由来する鶏だけ。ドイツでは〝レ・ブルー〟と呼ばれるが、理由はその色にある。赤いとさか、白い羽、青い脚という、フランスの国旗と同じ配色を特徴とする。この鶏のメリットは、雌鶏は比較的よく卵を産み、雄鶏は食肉用に適していること。しかも交配種ではない。そのため、メスの産んだ卵を孵化させて同種のヒヨコを得ることができる。こうして養鶏は農場内で一貫しておこなわれる。最大の利点は、牧草地に自由に行き来できるため、餌の大部分を新鮮な牧草によって賄えること。残りは耕地の作物である穀物でとる。つまり、人間の食糧をまったく取らないというわけではない。

僕らの個人的なメニューにおける肉のカテゴリーは、あとはガチョウと牛で完全になる。

バイエルンランド種のガチョウは、うちで飼育しているものを含め、育種用の四〇ペアが生存しているにすぎない。この種はスリムで比較的軽い。絶滅寸前まで減ったのも、おそらくそのためだろう。メリットは、ほぼ牧草だけで育つことで、うちでもひなのうち数日間カラスムギを与えるほかは、両親とともに牧草地を歩き回り、多量の牧草を食べて育つ。つまり、耕地の作物はいらない。ガチョウは餌の利用効率が悪く、食べた牧草の大部分は消化されずにそのまま排泄される。彼らはうちの小さな池にいつでも自由に行き来できるため、相当部分は水中に排泄される。この水を畑にまくことで、土も野菜も大喜びだ。

あとは牛だが、農場の家畜小屋は牛には適さないため、うちにいるのは〝夏季休暇〟を農場の牧草地で過ごしに来る牛だけだ。うちには牧草地を年に三回刈るための大きな機械がないので、四月から最初の積雪まで——当地では一〇月末くらいまで、一群の牛を放牧している。去勢雄牛と牝牛（未経産牛）は牧草地の草を食べてくれるので、草刈りの手間が省ける。

毎夏うちに投宿するムルナウ・ヴェルデンフェルザー種の牛もやはり絶滅に瀕している。ひと昔前までは三つの用途に利用されていた。雌牛は乳牛に、雄牛や去勢雄牛は肉牛に適しており、数十年前までは第三の用途も同じくらい重要な意味を持っていた。この種の牛は、とくにその体形から鋤《すき》や牛車を引かせるのに適している。ただし、乳牛としても肉牛としてもトップレベルではないので、何年も前から絶滅危惧種の家畜のリストにのっている。大きなメリットとしては、濃厚飼料を必要としない、つまり穀物を餌に加えなくてすむ。ボーア農場の夏の宿泊客である牛の持ち主も、牧草だけで飼育しており、耕地のライバルとはならない。

これが僕らの食生活。肉や卵や牛乳をとっても人間の食量供給源にはほとんど影響しないことがわかったと思う。食糧を得るために人間が動物を殺してもいいのか、という純粋な道徳的問題にはもちろん触れていないが、その決定は各人にまかせられるべきだろう。

食肉処理規制が与える影響

二〇〇九年にファームショップを開いたとき、食品の小売について僕らは初心者だった。それから数年かけて消費者行動を学ぶのは興味深いことだった。お客さんに買ってもらうために店内のどこに商品を置くべきか、それまで考えたこともなかった。言い換えるなら、誤った場所に商品を置けば誰にも気づいてもらえないということを学ばせられた。

たくさんの法規があることも、そのときまで考えもしなかった。そのなかには、健全な人間の理性と呼ばれるものとはまったく無関係なものもいくつかある。たとえば、ソーセージやチーズを売ってお客さんの持参した容器に入れてあげたり、販売する卵をお客さん持参の卵ケースに入れたりすることは禁止されている。衛生上の理由からということだが、おそらく容器製造業界のロビーが力をかけたのだろう。

最も重要なのはEU指令2001/113/EG、コンフィチュール（ジャム）規制と呼ばれるものだ。この規制では、〝マーマレード〟と呼ぶのはオレンジ、レモン、ライムなど柑橘類でつくられたものと厳密に規定されている。あとはカリンを砂糖で煮たものもマーマレードと呼ばれる。それ以外のものはコンフィチュール、コンフィチュール・エキストラ、ジェレー、ジェレー・エキストラ、ジェレー・マーマレードなどの名前を使わなければならない。しかも、全ヨーロッパにおける呼び名を統一したのだから、どうかしている。

適切な指令とはとてもいえないのに、当時異議を唱えた国はオーストリアだけだった。その結果として、オーストリアは指令実施をまぬかれている。バイエルンっ子の舌に〝コンフィチュール〟という言葉はなじまないため、EU指令2001/113/EGの抜け穴を見つけなくてはならない。そこで、マーマレードやコンフィチュールの類いはすべて〝Fruchtaufstrich（パンに塗る果物）〟と

ほぼ牧草だけで育つバイエルンランド種のガチョウ

呼ばれるようになった。バイエルン固有の名称ではないが、これで罰金をまぬかれている。

最も手痛かったのは、EU食肉処理規制の最後の改革だった。農場からほど遠からぬところに、近郊の複数の農家が共有する食肉処理場があったが、EU指令の要求に従って設備を整えることは構造的にも経済的にも不可能だった。食肉処理場は廃業を余儀なくされ、さらに多数の小さな食肉加工所もEU指令を実施する資力はなく、同じ道をたどった。法律発効までは、農場で飼育した豚をこの小さな食肉処理場で畜殺してもらった。豚は僕らに信頼を寄せているので、EU指令を実施した別の食肉加工所に連れていっても大丈夫だったかもしれない。だが、指令が出る以前には一度しか利用したことがなかったので、試すわけにはいかなかった。

食肉処理場はいまも存在するが、EUの認可は失われた。野生動物を狩猟する人は獲物を解体することができるし、負傷した家畜などの臨時畜殺がおこなわれることもある。そのようなケースでは獣医が付き添い、畜殺前と畜殺後に動物を調べ、いわゆる食肉検査を実施する。近所の食肉処理場においてそれはいまも可能かつ合法だ。

肉と内臓に問題ないことを示すために、獣医は動物の皮膚の数カ所に捺印する。肉屋のショーケースにおさまった豚肉に、食肉検査済みを示す楕円形のスタンプが押されているのを見たことがある人もいるかもしれない。

近所の食肉処理場はＥＵの前提条件をもはや満たさなくなったため、ここでうちの豚を処理してもらえば、三角形のスタンプを押されることになる。このスタンプは、「条件付きで人の食用に適する」という意味だ。実生活においては、この豚肉を加熱したり、ソーセージやベーコンに加工したりするのはいいが、販売することも贈呈することも許可されない。想像してみてほしい。うちに来客があった日に、たまたまこの豚肉を使ってステーキをつくった場合、お客さんに一片のステーキを出すことすらできないのだ。

同じ家畜を動物運搬車に入れ、六〇キロメートル離れた場所にある、最も近いＥＵ認可のある食肉処理場に運べば、楕円形のスタンプをもらい、「無制限に食用に適する」豚肉となっただろう。その場合には、豚は運搬と畜殺によりかなりのストレスを受けたはずだ。このストレスが肉の質に悪影響を与えることはすでに知られているし、科学的にも証明されている。

ここでいうストレスとは、死への恐怖から来るストレスのことではない。家畜は次に何が起こるのかを知らないから。だが、それまで会ったことのない同種の動物と狭い空間に閉じ込められると、動物はかならずストレスを被る。こうした状況では、すぐに上下関係をめぐる争いとなるが、そのために必要な空間がそこにはないので、ストレスと恐怖が生じる。

ストレスについていえば、僕にはまったく別の理論がある。もっとも科学的に実証されたわけではないし、実証できるとも思えないが、次のようなものだ。畜殺されるとき、またはその直前に恐怖を感じた動物の肉は、それを食べる人間にも影響するのではないだろうか。僕自身にこれまで何度もあったことだが、大食肉処理場で大量畜殺された豚の肉を食べた夜はたいてい眠れない。不安発作に襲われることもある。うちの農場の動物の肉の場合、そういうことはない。

それについては、当時ＥＵ指令を実施した食肉加工所が近所にあることを、ありがたいと思っている。この食肉加工所で畜殺される動物は、ストレスやヒエラルキー争いにさらされることがない。うちの農場の動物に対して僕は責任を感じているので、かならず畜殺に立ち会うことにしている。この食肉加工所が次回のＥＵ指令改訂を実施できるかどうかはわからない。

このようにして、数限りない法律と日々戦わなくてはならない。けれども、それらには一つだけ共通点がある。うちのファームショップのように、農家が生産したものを自家加工してお客さんにじかに販売すれば、法律に煩わされることはない。これも小規模の利点といえるだろう。

第7章
全世界の人口に十分な食糧はすでにある

変化させたら、いまよりよくなるかどうかはわからない。
しかし、改良するためには変化させるしかない。
——ゲオルク・クリストフ・リヒテンベルク（ドイツの科学者・風刺家）

あなた自身の、そして僕の持ち分である二〇〇〇平方メートルをいま一度思い返してほしい。そこにどれほどたくさんのすばらしいものが育つか、また、人間一人が生きるためにどれくらい必要とするかを考えれば、みんなにとって十分なものがある、と言うほかあるまい。ここ第一世界の便宜のためばかりでなく、ほかの世界の人たちも含めて。

いやそれどころか、毎日多量の食品が廃棄されるほどにたくさんある。

野菜や果物は、捨てられる食品の半分近くを占めている。外側が少ししおれただけで捨てられるレタスや、しなびたニンジンなどがそこに含まれ、次に多いのがパン類や麺類、それから残飯だ。

世界自然保護基金（ＷＷＦ）の調査によると、各家庭の食品の一二パーセントはごみになるという。年間にして八〇キログラムの優良な食品であり、勤勉に働いて得たお金の、一人あたり年間二三五ユーロに相当する。あなただけではなく、赤ちゃんや高齢者を含むドイツ人全員がそれだけ捨てていることになる。ドイツ全体で毎日捨てられる食品の量をおおざっぱに見積もるなら、いっぱいに積んだトラック一〇〇〇台分となる。これだけ多量に捨てられるのは、食品が冷蔵庫のなかで傷んだり残飯が出たりするためばかりではない。乳製品によくあることだが、傷んだと思われて無思慮に処分されてしまう食品もある。

いや、その前に農場や農園、運送の途中やスーパーですでに多量の食品が廃棄される。また、個人の家庭のほかにレストラン業界でも膨大なごみが生産される。量が多すぎる、メニューが変わった、衛生上の理由でビュッフェの食品を再利用できない……といった理由から。

総量をみると、愕然とする結果が得られる。農家から消費者にいたる食品循環全体では、実際に食べるより多くが捨てられているのだ。これはドイツ国内ばかりでなく、産業国すべてにおいて、食品の浪費度は極端に高い。

賞味期限に潜む思惑

農民の生活をますます苦しいものにするさまざまな規制について、前章で述べた。山ほどあるこうした指令には、たがいに密接に絡み合う二つの大きな目標があるのではないか、という印象をときどき受ける。それは、大手複合企業を強化することと、手工業の小企業を弱体化させること。ここで、特別に陰険な規準について報告したい。単純でありながら独創的。よくもこんなものを考案したと感心してしまうほど独創的なものだ。

僕がいうのは〝賞味期限〟のこと（ドイツ語で「MHD（Mindesthaltbarkeitsdatum）」）。食品業界における最も効果的な販売促進ツール。これは、実際には商品に特有の味、におい、色、堅さ、栄養価といった特徴をいつまで保持できるか、という指標にすぎない。製品をこの期限までに消費することをおすすめする、というメーカーの希望ともいえる。食品のほんの一部については、関係当局の指針がある。たとえば肉や乳製品では、賞味期限の設定は製造日から最長何日後まで、という指針があるが、それより短く設定するのはメーカーの自由にまかされている。

賞味期限のおかげで自分の感覚よりも六個の数字を信じるようになったのは、おもしろいことではないだろうか。賞味期限を一日過ぎただけで、ヨーグルトの蓋も開けずにごみ箱に捨てる。ヨーグルトは乳酸菌を発酵させ、保存用にした牛乳なのに。そう、ヨーグルトは保存食であり、密封して冷蔵庫に保管すれば、表示された表示期限から何週間もおいしく食べられる。ほんとうに傷んだ場合には、外見やにおいでそれとわかるはずだ。キュウリのピクルスなども、賞味期限を二日過ぎただけで捨てられてしまう。ピクルスは酢と砂糖に漬けたキュウリで、長期保存を可能にする最もたしかな方法なのに。

政治家たちは、賞味期限表示制度を改変して代替策を探したい、とすでに何年も前から表明しているが、これまでのところリップサービス以上のものではない。彼らが提示した産業界への対抗案は一つも実行されていない。それどころか、二〇〇四年にはガラス容器入りのハチミツにも賞味期限が表示されるようになった。ハチミツといえば、エジプトのファラオの墓から発掘されたものは、数千年を経たいまも変質していないというのに。

食品を長期間保存可能にすることは、賞味期限表示制度が導入されるよりずっと前から重要な問題だった。農家の大部分は自給自足なので、十分に生産するのはもちろんのこと、作物が育たない冬季のために蓄えることは死活問題だった。

野菜や果物は、寒い冬にも十分な食物を得られるように加工しなければならない。動物を屠《ほふ》るのは、肉が傷む前に保存化できるように、できるだけ冬季におこなった。食品を腐敗させる余裕はなかったので、創意工夫が必要とされたのだ。昔の人が賞味期限表示のことを知ったら、奇妙なものだと思うだろう。

規格外野菜の行方

捨てられる食品の大部分に対する責任は、グローバル化にもある。キュウリにしろトマトにしろ、農家からスーパーをとおして家庭の食卓にいたるまで、相当な距離を通過し、いくつもの中継所を経由する。輸送がずさんだったり、冷蔵システムが故障したりすれば、商品はたちまちダメージを受ける。つまり卸売業者からスーパーの商品棚への長い道のりで相当量の商品が処分されることになる。

食品を捨てることに関して、大手スーパーが罪悪感を抱くことはまずあるまい。近年になってさまざまな報道機関がこの問題をテーマ化しているが、歓迎すべきことだと思う。というのも、捨てられるのは外側の葉っぱがほんの少し乾燥したレタスばかりではないからだ。次の商品が搬入されると、それ以前のものすべてが処分されてしまう。

多量の農産品が廃棄されるもう一つの要素は市場のロジスティクスにある。ズッキーニは外形寸法三〇〇ミリという決まった規格の野菜ケースにおさまる大きさでなくてはならない。大きすぎるものは、生産者である農場や農園の段階で廃棄処分される。大部分の農家は、ズッキーニの約五〇パーセントが廃棄されることをすでに計算に入れている。このような計算は、〝時はカネなり〟の法則が信条となった世界であればのこと。そこでは二股ニンジンや曲がりキュウリを収穫して独自の販路を探すより、畑に放置するほうが安上がりというわけだ。

いまでは野菜や果物の見た目や大きさは梱包の便宜上平均化され、消費者の目もすでにそれに慣らされている。長すぎるズッキーニや曲がりキュウリ、小さなセロリの根を、個々の農家がスーパーに直接売ろうとする試みは、みじめな結果に終わった。スーパー経営者がまず拒否し、のちに消費者が背を向けたから。

〈実践マニュアル7〉
保存食づくりの基礎

伝統的な保存食づくりのさまざまな方法を見てもらうことは、ファームショップの重要な要素の一つだ。肉はもちろんのこと、野菜や果物についても冷凍保存するものは多い。それでも、製品の過半数は冷凍以外の方法で長期保存化している。それにより、長期的にほかのエネルギーを消費しないというメリットがある。

野菜と果物

大部分はジャム、シロップ、ジュース、チャツネに加工する。

最も厄介なのは、砂糖の量を減らしたジャムづくり。砂糖は加熱とともに保存を可能にしてくれるもので、昔はゲル化剤や保存剤を混ぜたジャム専用の砂糖（ジェリアーツッカー）が果物と一対一で使われていた。現在では砂糖の量はぐっと減り、果物二ないし三キログラムに対し砂糖一キログラムが一般的だ。

うちでは砂糖の量をさらに減らし、ジェリアーツッカーは使用しない。

■代わりに使うのがサトウキビを使った未精製のケーンシュガー。この砂糖には自然のゲル化剤であるペクチンが含まれる。ペクチンはリンゴ等にも含まれ、いまでは自然食品店などで純粋ペクチンも手に入る。

■できあがったジャムを熱いうちにガラス瓶に入れ、ゴム製パッキ

ジャム以外の果物の保存法は、乾燥だ。リンゴや洋ナシはスライスして乾かす

ン付の蓋をする。この種の保存容器で最も有名なのは、ウェックというメーカーのもので、この名前から〝einwecken（保存する）〟という動詞にもなっている。

■ジャムの入ったガラス瓶をオーブンまたは湯せんで温める（量や製法により温める時間は変わってくる）。

このとき、ガラス瓶内の空気が膨張してパッキンから外に出る。ガラス瓶の温度が下がると内部の空気は収縮し、蓋が密閉される。ガラス瓶に空気が入らない限り、通常は常温で保存できる。

もう一つの保存法に、乾燥がある。

■リンゴや洋ナシは、薄くスライスしてから木しゃもじの柄など棒状のものにとおし、温暖な場所で数時間乾かす。

■ベリー類、プルーンやアプリコットなど真ん中に大きな種のあるフルーツは、網を張った木枠に広げて乾かす。木枠は数層に重ねてもいい。

肉

うちで製造するソーセージ類の大部分は、ガラス容器に入れて加熱する。通常は傷みやすいソーセージも、そうすることで持ちがよくなる。約八度に保たれた地下室で何カ月も保存できる。

一般家庭でソーセージをつくることはなかなかできないが、セミナーを受講するという方法もある。

品質意識を育てる方法

問題の中心はスーパーや消費者にあるわけではない、と僕は考えている。野菜や果物の見てくれが消費者の見慣れたものと違うのはなぜかということを農家が消費者に直接説明すれば、規格に合わない農産品の問題はなくなるはずだ。

曲がっていたりこぶがあったりするのは自然である証拠で、この〝欠陥〟は味に少しも影響がない、と消費者に説明すればいい。

豚や鶏といった動物をそれぞれに適正に扱うのはすごく手間暇のかかることで、うちでは世話や飼育に心血を注いでいる、と説明すればいい。

有機農法による鶏肉が二〇ユーロ以上する理由や、鶏胸肉が五ユーロ以下の安値で売られるのは何かがおかしいことを説明すればいい。

過去数十年間で、品質に対する感覚が失われたような気がする。一つには食品の値段が信じられないほど安くなったこと、もう一つには〝安ければ安いほどいい〟という考えかたが蔓延したこと——そこから、食費にあてる出費がますます減少し、一九六〇年には収入の五〇パーセントだったのが現在では一〇パーセント強でしかない。ドイツではとくにそれがはなはだしく、食品や食事の価値がこれほどまでに低くなった国はほかにはあるまい。

生産者と消費者が話し合う機会が増えれば、食物は相応の重要性を取り戻すだろう。商品ではなく、生きる糧として再び高く評価されるようになる。そうなれば、おのずと食物を捨てることにもっと抵抗を感じるはずだ。

食品に本来の意味を返してあげること——それが、浪費をストップさせるアプローチとなる。生産した農作物を捨てるのを好む農民はいない。時とともに捨てることに慣れてしまい、そのことを考えなくなっただけだ。交配種が歓迎されたのも、そのせいだろう。交配種なら、ロジスティクスの要求にぴったりの実を実らせる。現在売られているのは、大きさが揃っていて見てくれのいい野菜ばかりだが、味はないがしろにされている。

味が落ちた理由はたくさんあるが、本質的なものは次の二つだと思われる。一つは、野菜や果物の大部分は遠方の国々で生産されること。長距離の輸送にもちこたえるために、熟さないうちに収穫されることが多く、味はいまいちということになる。日光をいっぱいに受けて完熟したとれたてのリンゴや、野菜畑で赤く熟したトマトをもいで食べれば、やっぱりおいしい。大部分の人はその味を知らないか、とっくに忘れてしまっている。

もう一つの理由は、味の濃い種類の野菜や果物は商品棚から消えてしまったことだ。隣家の果樹になっていた変てこりんな形のリンゴの味を覚えているだろうか。あるいは、古い種類の野菜を試食したことはあるだろうか。

ニンジンを例にとってみよう。ニンジンは種類のすごく豊富な野菜で、現在一般的なオレンジ色の種類は一七世紀にオランダで生まれた。オランダのある栽培者が開発して国王に贈呈したといわれている。古い種類のニンジンにはいくつかの原産地があるが、オレンジ色ではない。白いニンジンは地中海地域、黄色やバイオレットのものはアフガニスタン産で、味はオレンジ色の仲間とぜんぜん違う。

トマトも種類は多く、三〇〇〇種類以上が種のリストに登録されている。品揃えの豊富な野菜商は約三〇種類を扱っているが、最もおいしい種類はそのなかに含まれていない。

新しい種類が栽培されるとスーパーの棚に並ぶが、それらは大きさや形が揃っていて成長の速いものが多い。だいたいは水をよく吸収するため、水っぽい味がする。

だが、味の逸脱や浪費が最もひどいのは、パンではないだろうか。パンは基本食品なのに、今日売られているものは、パン職人が焼いたものではなくなってしまっている。

僕は、某大手スーパーチェーンと某ベーカリーのあいだに結ばれた契約書に目をとおしたことがある。このベーカリーは、スーパーの入口からすぐの場所に新しい販売店を開きたいと考えていた。契約書には、「閉店一時間前にベーカリーの商品すべてが店に揃っていること」と書かれていた。これでは毎日莫大な量のパン類がごみ箱に直行することになる。そのような契約書を受諾するベーカリーが実際にいるのだろうか?

このベーカリーは契約書に署名した。スーパーの入口付近に店舗を置くベーカリーは、これの後にしろ先にしろ、みな似たような契約書に署名したのだろう。こうしたベーカリーには共通点がある。工場生産のミックスを使い、指定された量の水を加えてこねてからオーブンに入れるだけ。メリットはいろいろある。パン生地はいつも同じで、季節による穀物の違いや天気の要素などは問題とならない。このようなパンに含まれるさまざまな添加物を知るために、消費者はもっと科学的知識を必要とするのに、そのことに興味を持つ人もいない。最大のメリットといえば、パンは早くも翌日に新鮮さを失うので、お客さんは翌日また買いに来ることだろう。

近年増えたのは、パン、ロールパン、プチパン、プレッツェル、菓子パンなど、オーブンで焼くだけの状態に加工され、冷凍されたものだ。こうした業務用冷凍パン生地は、東南アジアなどで製造される。中国メーカーの製品は値段が安いため、当地大手ベーカリーの契約を獲得するケースが多い。そんなわけで、〝フリューショッペン〟と呼ばれるバイエルン地方独特のブランチは、も

栽培から調理まで、全行程がつくり手によっておこなわれる

はやバイエルン風ではなくなっている。白ソーセージ〝ヴァイスヴルスト〟の肉はデンマーク産、ソーセージの皮やプレッツェルは中国から運ばれてくる。

ベーカリーＡとベーカリーＢの違いといえば、値段くらいなものかもしれない。ベーカリーにそのような契約をオファーするスーパーの経営担当者は、パンを買いに来る顧客がスーパーのほかの商品も購入することを望んでいる。スーパーの閉店一時間前に、顧客の好物とするパンがベーカリーＡになかった場合、顧客はスーパーＢに足を向けるかもしれない。そこのベーカリーＢで好物のパンが見つかり、それがベーカリーＡのものと同じ（くらいおいしい）という可能性は大きい。おそらくどちらの店も同じ生地ミックスを使っているだろうから。顧客は、残りの買い物もスーパーＢですませるだろう。こうしてあっという間にスーパーＡは顧客一名を失うことになる。ベーカリーとスーパーが結ぶ契約に、前述の条項があるのはなぜか、これで理解できるだろう。

食糧難とギャンブル

商品の長距離輸送を前提とするグローバルな市場、消費者にものを必要以上に捨てさせる賞味期限、超安値で手に入る食品、そのために失われている食事への敬意……じつは、真実はこれだけにとどまらない。

二〇一六年三月一〇日、マリオ・ドラギを総裁とする欧州中央銀行（ＥＣＢ）は、政策金利を〇・〇〇パーセントに落とし、同時に疑問視されている債券の買い入れを月八〇〇億ユーロに引き上げることを決定した。ヨーロッパの緩慢な経済を活性化させる、ＥＣＢの試みだ。ゼロ金利政策により銀行の貸出が増加し、カネがすみやかに流通することを目指している。われわれの経済システムにおいてこれまで時間をかけて膨らませたバブルを、いまや関係者全員が全力で吹き消すよう求められている。

このバブルの内部で、僕らの持ち分の二〇〇〇平方メートルに大きく影響する現実が進行している。穀物、コットン、砂糖、肉、木材といった農産品の価格におそらく世界で最も大きな影響力を持つのは、シカゴ商品取引所（Chicago Board of Trade）だ。この最古かつ最大の農産品取引所で、世界中の農産品の価格が形成されている。

農場経営者としての僕の人生において、考え方や行動に大きな作用をおよぼした瞬間が二度あった。一度目は、地球上に住む人全員が二〇〇〇平方メートルの耕地を所有すると知ったとき（それに続いて、なぜこの耕地で不十分なのか、と何度も何度も自問したことも含む）。

二度目は、僕らが所有している以上のものを必要とする理由を理解し始めたときだった。二〇一四年一一月、クラウス・クレーバーというジャーナリストの制作したドキュメンタリー映画二本を観た。ドイツ公共放送のアナウンサーとして有名なクレーバーは、食糧難と水不足が人間の死活問題である地域を訪れた。〝飢え〟というタイトルの映画（もう一つの映画のタイトルは〝渇き〟）に出てきた数字に、僕は強い衝撃を受けた。クレーバーによると、「毎年一億五〇〇〇万トンの米や穀物が世界のどこかしらの倉庫で腐敗する。それというのも、誰かが価格上昇を予測して投機したのに価格が上がらなかったため。一億五〇〇〇万トンといえば、世界中の飢餓をなくすための食糧の六倍分にあたるというのに」。

投機に失敗した人がいるという理由だけで一億五〇〇〇万トンの食物がだめになるなんて信じられないような話だが、実際には次のようなことが起きる。通常は収穫期の直前に穀物の在庫は世界的に減少するので値段は上昇する。だが、収穫の一部はこの時点ですでに投機家により買収されている。収穫直後の価格がまだかなり低いとき、莫大な量の穀物と米を買う。このとき、価格が一定のレベルを超えたのちに売却するようブローカーに依頼してある。それは、新しい収穫が市場に出る直前であることが多い。ところが、穀物価格が投機家の望みどおりに上がらない場合もある。そこへあらたな収穫物により価格が再び下降すれば投機は失敗し、前年分の穀物は万全に管理された倉庫内で腐敗する。こうして〝ゲーム〟はまた一から始まる。もちろん投機家はいつも失敗するわけではなく、利益を得ることも多い。そのために投機がくり返されるわけだが、損をする人たちはいつも変わらない。

だが、これはボーア農場や僕らの仕事にどう関係しているのか？

池は水を蓄えるだけでなく、子孫を残す場所にもなる

僕らの努力目標は、有機農法による価値の高い食品を家族やお客さんに食べてもらうことで、自然や土壌を酷使しないよう心を配っている。そのため、最高の収穫高を出すことには重きを置いていない。

だが、この農法は利己的あるいは不公平なのか？　だって、世界のほかの地域では、飢えに苦しむ人々がいるではないか。うちでも交配種の種をまき、大きな機械を導入して農薬をたっぷり使えば、古い種類の動植物を有機農法で育てるよりずっとたくさんの収穫が得られるはずだ。

この疑問を僕は何度も抱いたが、それはもうやめた。なぜかというと、第一に理想的な収穫が得られるよう進化がはたらいていると考えるからだ（ひじょうに緩慢ではあるけれど）。

第二に、農薬を使えば、長期的には耕作地や牧草地にダメージを与えることになるから。

第三に、僕らはすでに一〇〇億人以上の人間を養うのに十分な食糧を生産しているから。

ボーア農場と同じ農法を世界中の農場でおこない、有機農法による最高品質の食品を生産しても、世界中の人々に十分な食糧が得られるのだ！　それに加えて土壌は休養し、腐植土で豊かになるので、気候変動も抑えることができる。

それなのに、食品の生産性をもっと高める必要がある、と言われ続けている。

それはなぜか？

経済成長を高める必要がある、というのがその理由だ。もっとたくさん生産しろ、と言われるのはそのためであって、食糧難の克服とはほんとうは関係がない。

現在のやりかたを続けるわけにはいかないので、行動するしかない。いまがそのときだ。どうすればいいかは、もうとっくにわかっているのだから。

〈実践マニュアル8〉
ナメクジ除去剤の代わりにカエルを

「まさか、ナメクジがいない？」と言われることは多い。とはいえ、いつもそうだったわけではない。何年もナメクジやカタツムリに悩まされ続けたこともある。それでもナメクジ除去剤の使用は僕らにとって論外だった。

生態系である野菜畑を子細に観察し、ナメクジがいても問題とならないように自然のバランスを調整した。そのため僕らの〝ナメクジ対策〟はかなり広範にわたって手配されている。

■インディアン・ランナー種のアヒルは野菜畑に自由に行き来して、ナメクジやカタツムリを食べてくれる。最も食欲旺盛なのは産卵期で、必要とするタンパク質とカルシウムをここから補給している。

■ただし、インディアン・ランナー種はナメクジの添え物としてサラダを食べる癖があるので、〝代替物〟を探したところ、ヨーロッパヒキガエルが見つかった。ヨーロッパヒキガエルはナメクジを好んで食べ、添え物のサラダには手をつけない（カメも候補にあがったのだが、こちらはあまりナメクジを好まない）。

ヨーロッパヒキガエルの場合、生活空間をえり好みするのがちょっとした難点ではある。うちの庭には大きな石がたくさん転がっているので、安全な巣穴をつくることができ、そばに池があるため、繁殖の問題も解決された。

■ハリネズミもナメクジを好んで食べる。藁をひと山のほか、木の葉か干し草があれば、ハリネズミのベースキャンプになるし、冬眠場所としても十分。

■最後になるが、豚もナメクジ退治に一役買っている。たいてい数匹が……メスとその子どもたちが夏を野菜畑のそばで過ごすので、野菜くずを餌として与えるのに便利でもあるほか、ナメクジの生存数も減る。豚は相当なグルメなのだ。ナメクジは豚の糞を好むので、自分のほうから豚に接近する。

こうしたことのおかげで、僕らの野菜畑ではナメクジの問題はない。いまのところ、と言うべきかもしれない。というのも、いまはカエルやハリネズミが十分に繁殖できるくらいナメクジがたっぷりといるからだ。ナメクジの数が減ればカエルやハリネズミも減少し、そのためにまたナメクジが増殖するかもしれない。そうなると、カエルやハリネズミも再び増える……といった具合に。

自然の相乗効果は振り子運動をするものだ。増えたり減ったりするのが自然なのだと知り、それに適応すれば、野菜畑のナメクジを見ても不思議なほど平静な気持ちでいられる。

野菜畑のナメクジ対策

当然のことながら、誰もがナメクジ対策としてアヒルやカエルやハリネズミや豚を飼える環境または場所を持つわけではない。それでも、これらの方法を一つずつ試してみる価値はあると思う。

あなたの野菜畑を、カエルやハリネズミが心地よく棲める環境に変えてみるといいかもしれない。自然に近くなると同時にナメクジ問題も緩和されるので、豚を飼う必要はなくなるだろう。

ナメクジも、彼らには大事な食糧のひとつだ

第8章
世界農業報告——別の形態の農業について

女性の勘は、往々にして男性の知識よりもたしかである。

——ジョゼフ・ラドヤード・キップリング（イギリスの小説家・詩人）

■われわれの思考パターンを変える必要がある。絶えまない成長を求める努力をやめて、すでに存在する資源を理想的に利用するとともに、生活の基盤を破壊しないようにすること。

■われわれに必要なのは、標準化した農業ではなく、多様性のある農業。植物分野における多様性、動物分野における多様性、思考の多様性、行動の多様性。

■いつも完璧でなくては、という思考から自由になること。〝失敗にやさしい〟文化をつくりたい。自然は、創造物を発展させる過程でたくさんの失敗をするが、失敗のなかに無数の革新の潜在性が含まれている。

■この世の農民は、仕事によって付加価値を上げるにはどうしたらいいか、とつねに自問する必要はない。仕事をとおして栄養価を高めるためにどのような創造的アプローチがあるかということを考慮する時間と空間を持つこと。

■農業における広大なモノカルチャーを廃止しなければならない。われわれに必要なのは大きな菜園である。地球上の農民たちの菜園を手本にすること。

世界農業報告への長い道のり

前述の文章は、有機農業組合の規約でも自然保護協会による草案でもない。〝世界農業報告〟の一部なのだ。完全に言葉どおりではないが、意味はこのとおり。

この文書については何度も耳にしていたが、これが毎年発表される統計的数値報告ではないことを二〇一三年に知ったのは、むしろ偶然だった。これは、世界各地の科学者五〇〇人が二〇〇八年に――ほんとうにたった一度だけ――起案した報告であり、とても深い内容を含んでいる。

世界農業報告は、数百ページにおよぶ基礎のしっかりした地球全体の農業状態についての記述だ。それに加え、起草者は報告をとおして次のような推薦文を作成している。農業的知識および研究や技術の成果を広く人々に伝えて利用すれば、食糧難や貧困は減り、農村の生活は改善される。また、公正かつ有機的、経済的かつ社会的で持続性のある開発を促進できる。

この報告を読んで僕は深く心を動かされた。作成者の面々も印象的で、全世界が絡んでいるともいえるのだ。国際連合（UN）、その補助機関である国際連合環境計画（UNEP）、国際連合教育科学文化機関（UNESCO）、国際連合開発計画（UNDP）。そのほか世界保健機関（WHO）、国際連合食糧農業機関（FAO）、世界銀行、さらには非政府団体、消費者組織、農業組合、科学者や農業ロビーの代表者たち。世界農業報告（英語のオリジナル名称は「International Assessment of Agricultural Knowledge, Science and Technology for Development」）は、きわめてたくさんの団体に支えられている。

つまり、世界銀行はミレニアムのころ、人類の生活基盤が失われつつあると悟ったばかりか、行動を起こそうとしたわけだ。その手始めとして、二〇〇二年に委員会が設立され、二〇〇八年に世界農業報告という、推薦を盛り込んだ報告書に結実した。

そこまでの道は楽なものではなかった。話し合い、問題点について議論を戦わせ、内容に取り組んだ。とりわけ伝統的な農業知識は、農業ロビーとその陣営内の科学者たちにとって腹立たしいポイントで、避けられない事態が本当に起こった。国連各国代表者による総会で報告書の文面が決定するに先立って、大手農関連企業三社、モンサント、シンジェンタ、ＢＡＳＦが企画から脱退したのだ。世界農業報告の目指す方向は何かということにこれら大企業の代表が気づいたため、非常ブレーキを踏んだ。最終的に、アメリカ合衆国、カナダ、オーストラリアは報告書に署名しなかった。

この報告書がほとんど注目されなかったのは、残念だし悲しいことでもある。叫び声はあがらず、これといった動きも起きなかった。農産業界は「イデオロギー的性質が強すぎる」として報告書を棄却し、有機農法の拡張および植物における遺伝子組み換えの拒否については、現実離れしていると批判した。それは納得できるが、マスメディアがほとんど関心を示さなかったのは奇妙に思われる。

小農家と女性の活躍

世界農業報告の内容を一文に要約するなら、「従来の方法を続けることは、唯一の不可能な選択肢だ」となるかもしれない。僕らの世界の特徴といえば、不均等な発展、天然資源の持続不可能な利用、気候変動への悪影響、終わることのない世界の食糧難と貧困……といったことだから。

こうした問題を効果的に終わらせる方法として報告書草案者が提案しているのは、地域の人々のために生産する小農家を強化すること。つまり、ボーア農場で僕らがしていることを奨励してくれているわけだ。ということは、世界農業報告とその推薦は、僕らの仕事に対する肯定であり、僕らの農業の設計図でもある。

だが、小農家とは何だろう？　グローバルな観点からみて、最低用地面積や保有動物数、あるいは機械設備により決めることはできない。公的な定義によると、「小農家とは最小限の生産要素の設備を持つ農家」となっている。ここでいう生産要素とは、土地の利用、エネルギー、知識、種子など生産媒介などが相当する。だが、小農家の定義がどうあろうとも、世界銀行によると地球上に一〇億五〇〇〇万人が小農家およびその家族として生活しているが、生産要素が不十分なために自給自足程度の収穫しか得ていない。

これだけたくさんの小農家が存在するからには、彼らを助成することに大きな可能性が潜んでいるはず。つまり、世界農業報告が求めるやりかたで助成すればということだ。

世界農業報告委員会は、研究開発における革新を推奨している。科学者は今後、解決に固執せず、問題に主眼を置いて研究にあたるべきだ。そのためには、(小)農家から学ぶ心構えのあるフリーの科学者がもっと必要となる。大昔から伝わった農業の古い知識の一部を研究の基礎として使うことが望ましい。

世界農業報告によると、小農家における面積あたりの生産性は、大規模農場のそれより高いこともまれではない。

一九五〇年代に出された農業マニュアルに、〝農家の小ぢんまりした菜園〟は最も生産性の高い農業生産ユニット、と書かれている。生産性が高い理由は、大部分を

妻と牛。世界の食糧生産を支える小農と女性の活躍は関係が深い

手作業でおこなうこと、小さな敷地にきわめてたくさんの種類が栽培されることだ。モノカルチャーは、〝生産的〟とはいえない。モノカルチャーは収益性が高いといわれるのは、人件費が安価だからである。

最後になったがきわめて重要なのは、各国政府代表が報告により次の事実を明らかにしたことだ。食糧難と貧困をなくすためには、土地、技術、種子、知識を所有する小農家の手で、食糧を現地で生産するしかない。

世界農業報告における第二の中心的メッセージは、農業における女性の役割をもっと重視すること。

アジアやアフリカの多数の国では、農作業は女性の手でおこなわれている。それなのに、ほとんど権利を持たない女性が多数いる。女性たちが自分の土地を耕作し、技術や知識を交換し合い、あらたな知識を獲得する可能性を持てば、世界が変化することは間違いあるまい。つまり、農業における女性的側面をもっと考慮して拡張する必要がある。なぜなら、男性のなかには土地を無責任に扱う人もいるが、女性はそんなことをしないと僕は確信しているから。それに、女性が自身の生活基盤の維持よりも利益のほうをはるかに優先させるとは、とても想像できない。

自然と協働する小農家

この世界にあるのは、疲弊した土壌における荒涼としたモノカルチャーばかりではない。女性が運営することも多い小規模な農家は、生産性の高い革新的な農場であるばかりか、世界の食糧生産の三分の二弱を担っている。つまり、頑丈な農業機械を用い農薬を多用する広大なモノカルチャーは、支配的なモデルというわけではない。それでもなお、三分の一を占めるにすぎない少数派は権力を持ち、全体像や僕らの頭のなかにあるイメージを決定している。

小規模農家にもっと注意を向け、彼らにもっと力を持たせることが大事なのは、そのためだ。小農家は自然と協働したいと願っているし、それは必要なことでもある。よりよい農業への創造的なアプローチ法はいくらでもあることを知れば、心強い。

ボーア農場は標高八〇〇メートル、氷河期に形成された氷堆石の上部の、テーゲルン湖から八〇メートルの高さに位置する。年間降水量一四〇〇ミリ、平均気温七・四度、温暖で湿度の高い夏と、寒冷で雪の多い冬。ここで僕らも自然を理解し始めている。周囲にあるものと協働するために、周囲に自分を適合させて。自然は敵ではなく、パートナーだから。そうでなければ、長期的には何一つ機能しないだろう。

〈実践マニュアル9〉
菜園カレンダーにおける
果樹の手入れのしかた

果樹を観察すると、自然のプロセスがどのように機能するか、とてもよく理解できる。

あらゆる生物の目標は種の保存につきる。リンゴの木は、僕らにおいしい実を与えるために生育しているわけではない。繁殖するためなのだ。

■咲く花が多ければ多いほど、たくさんのハナバチを引き寄せる。
■よりたくさんの花が受粉すれば、それだけたくさんの実がなる。
■できるだけたくさん実がなれば、完熟した実が地面に落ちて腐り、そこから芽が出てあらたな木が育つ可能性は高まる。

剪定は冬か春か？

この自然なプロセスに介入するのは、果樹になる実がおいしいからだ。

なるべく大きくて甘みのあるリンゴを育てるためには、定期的に枝を切る必要がある。果樹剪定のセミナーを一度受けたことのある人は、すでにそのことを知っているはず。そうしたセミナーを二つか三つ受けた人は、どのインストラクターの説をとっても、その人なりの真実が含まれていることを知っているだろう。

剪定した木がなぜそのように反応するのか、理解できれば、各インストラクターの真実はそれぞれ正しいということがわかる。木は、

果樹の手入れに植物の生理の理解は必須

それぞれの剪定に対して反応するからだ。

■温暖な季節に果実が日光をたくさん浴びるようにと考えて枝を冬に切れば、木は花をたくさんつけられるよう、春に新しい枝を多数伸ばす。

■花が咲いたのちに剪定すれば、木の持つ力は、すでになっている果実に集中される。もっとたくさんの花を咲かせるように反応することはできない。

要約すると、リンゴの木に手を加えれば、季節によって違った反応をする。そのため、何年もかけて木の性質を知り、反応のしかたを学び取ること。どの木にもそれぞれ違った性質がある。

夏の剪定を好む木もあれば、冬の剪定を好む木もある。僕が望む場所に枝を生やすようにするため、定期的に個々の枝に〝添え木〟しなければならない木もある。また、いくらしつけようとしてもむだな木もある。あるリンゴの木は、自分の枝に満足しているので剪定をいっさい必要としない。それでも果実は十分に日光を受け、毎年立派なリンゴが育つ。

木に登る

果樹の場合、のちに梯子《はしご》を使って木の上部に達することができるよう、枝を適宜切るようにしている。そのための梯子は二種類ある。

■樹皮を傷つけないので、なるべく脚立を使う。

■もう一つは伸縮式梯子で、四メートルの高さまで上ることができる。果樹がそれ以上高くならないよう、剪定によって調節する。

樹皮を傷めないように、梯子の先端に古いジャガイモ袋をあてるのもいい。

このようにすれば、のちになって梯子を使って木の上部に達するために太い枝を切断する必要はない。

臨時の剪定

それでも直径三センチ以上の太い枝を切らなければならない場合は、なるべく冬に切るようにしている。

■木は、寒冷な季節には樹液を根っこに送らないので、切断面に病原菌が付着しても有機体内部に入り込むことはない。

■嵐で枝が折れたりして夏季にどうしても太い枝を切らなければならない場合は、かならず清潔な道具を使い、切断後は専門店で求めたクリームで切り口をふさぐ。

剪定用のはさみは二本だけ

■一本は小枝用の交換刃付きの剪定ばさみ。二枚の刃で、枝はすっぱりときれいに切れる。つまり、閉じた状態で二枚の刃の一部が重なり合う。これでやや太めの枝を切ると、構造のせいで刃がゆがむので、すぐに切れ味が落ちる。
■直径一センチ以上の枝には大きめの片刃剪定ばさみを使う。この場合、一枚の刃がアンビル（固定されたもう一枚の刃）に垂直に枝を切る。

月のリズムのカレンダー

果樹になんらかの処置をするときは、かならず月のリズムのカレンダーに注意する。適切なときに世話や処置をほどこすのは、果樹の場合とくに大切だ。適切なときを選べば、樹木が果実に力を注入するか、それとも新しい枝や葉の成長に注ぐか、といったことを操作できる。

うちの農場で参照しているマリア・トゥーンの種まきカレンダーでは、植物の四つの機能――実、花、根、葉――を区別している。たとえば、実の日にある処置をすれば、それにより果実が特別に助長される。

そのほかにも、種まきカレンダーは農場の日々に計画性を与えてくれるので、その日の中心でない仕事をしなくてすむ。

第9章

二一世紀における投票

彼らは最初は無視し、次に笑い、さらに挑みかかるだろう。そうしたらわれわれは勝つ。

——マハトマ・ガンジー

「戦争だというのに誰も出向かないとしたら、どんなものだろうか」

ベルトルト・ブレヒトの有名な格言だ。ブレヒトといえばありえないことを思考した人だが、僕の場合、大変化のプロセスの始まりはほんとうに夢想的な思考、あるいは〝とんでもない〟思考といえるかもしれない。

もちろんそうした思考は、たいていは子どもの遊びのようなもの。それでもけっこう楽しいこともある。ここに一つ、ときどき僕の頭に浮かぶ思考があって、その中心は大手ディスカウントストア。ある日突然、誰もそこに行かなくなって、お店はからっぽ。いったい何があったと思う？

すべての力は国民に発する

ドイツ、朝八時半。すべてのディスカウントストアがいっせいに開店する。ドイツ南端のベルヒテスガーデンから、ヴァーターカントと呼ばれる北部の沿海地域まで、みんないっせいに。ところが、お客さんは一人も来ない。なぜなら、みんな近所の野菜市場に買いに行くから。生産者である農家でじかに買い物する人もいる。大手スーパーに迷い込む人もちらほらいるが、買うのは有機農法の食品ばかり。ディスカウントストアの代わり映えのしない商品棚には商品がびっしりと並んでいるけれども、通路はからっぽ。それからちょうど三〇分後、早くも九時のニュースのメイントピックとなり、翌日にはトップ政治家たちがこの現象について議論し始めた。大手ディスカウントストアは国家組織にとって重要なのではないか。ならば、国家援助が必要なのでは……。

このようなことが起きる可能性はありそうにない。ここで言いたかったのは、僕ら一人ひとり、みんな選ぶ権利を持っているということだ。選ぶことは、権力に通じる。

ドイツ基本法二〇条によると、すべての権力は僕ら国民に発する。この力を選挙や投票で使う。けれども、この力は何になる？　僕の票はどこに行く？　内容が僕に関するものであろうと何であろうと、社会にとって〝将来のためになる〟決定という印象を受けないことが多い。これが僕の持つ力のすべてなのか？　ならば、もっとほかのものがあるはずではないか……実際に、それはある。

ＧｆＫというニュルンベルクに本拠を置くマーケティングリサーチ企業は、僕らの消費行動について膨大なデータを集めた。その一つに、ドイツ人一人あたり週平均二八回、積極的購買をしている、というものがある。積極的購買とは、店に出かけて品物をレジで支払う、あるいはインターネットで商品を注文して送金する場合。それに対して消極的購買とは、携帯電話のプロバイダーと契約をしていて、銀行口座から毎月自動的に引き落とされる場合や、電気会社との契約などが含まれる。これも消費行動ではあるが、毎月積極的におこなうわけではない。

週に二八回、積極的に購買するということは、週に二八回、投票に参加することでもある。純粋に統計的にみると、僕らは毎日平均四回、選択（投票）している。参加率一〇〇パーセントで週七日、一年に三六五日。しかも、毎回の投票参加率は、従来の意味での投票よりはるかに高い。というのも、この消費者統計には、子どもや外国人といった、ドイツの投票権を持たない人々を含む全員が関与しているからだ。

この種の投票には、基本法二〇条による従来の投票よりはるかに大きな潜在力があり、ほんとうに何かを動かす力を持っているのではないだろうか。

ただし、意識的に決定しなければならない。そのためには情報がいる。

買い物という投票権

約一〇年前にキッチンを改築し、新しい電気製品をいくつか購入した。僕らの仕事内容を考えるとキッチンは仕事場の中心なので、高品質かつ頑丈であるとともに、使い勝手がよく、心地よく過ごせる場所であることが重要だ。設計、大工の仕事ぶりなど、全体的には質が高く、最初から満足していた。ただ、食器洗浄機だけは安物買いをしてしまった。

〝安物〟という言葉は、子どものころから耳にしていた。祖母がよく「安物を買うなんてぜいたくはできませんよ」と言っていたのだ。僕の祖父母の暮らしは質素だったが、何かが欠乏しているという印象を受けたことはない。あるもので満足し、幸福に暮らしていた。

祖母の言葉の意味を理解したのは、ずっとあとになってからだった。〝安い（billig）〟という言葉にいろいろな意味があることも、のちになって知った。ドゥーデン独独辞典によると「価格が低いこと。高くないこと。比較的少ない金額で手に入ること」とあるが、そのほかに「品質が低く、浅薄で想像性や才気に欠ける。そのため望んだ効果は得られない」となっている。安物を買うと、この表現すべてがそのなかに含まれていることはよくある。低価格、低品質、浅薄、才気の欠如、望んだ効果の欠如……。

祖母のモットーは、いつしか僕のモットーになっていた。それでも、ときどき安物買いをしてしまうことがある。この食洗機もその一つだ。

これを購入したとき、資源利用や持続性のある製品といったことを僕はまだあまり考えていなかった。エネルギー効果の高いブランド製品を所有したかったので、ある大手メーカーに僕の一票を入れた。この企業は、すぐれた製品を製造することより株主への配当金のほうをはるかに重視しているようだった。残念ながら、僕はこの企業に直接票を入れたわけではないし、それはできないことでもあった。製品は僕自身が選んだが、購入は便宜を優先してキッチン専門大工にまかせたところ、彼は電気製品の大手ディスカウントに注文した。

こうなったのも、自分の票を人に委任したためだ。地元の電気製品店で買うのが、おそらく有意義な決定だったろう。

食洗機が初めて故障したとき、僕はちょっぴり賢くなって、近所の電気製品専門店に票を入れた。もっともその専門店は、そうしたケースにおける大手メーカーのすすめに従い、システム交換を提案したので、僕の票は何ももたらさなかった。販売員が僕の票をもっと注意深く扱っていれば、修理の可能性について提案したはずで、その場合には交換か修理かという選択肢が生じ、それぞれ違った結果となっただろう。選択肢と投票結果にがっかりした僕は、食洗機が二度目に故障したとき、別の方法をとった。つまり自分で修理することにして、専用の道具をホームセンターで購入したので、地元の道具専門店には投票しなかった。話を完結させるために言い添えると、専用の道具が壊れてしまったので、修理は一回しかできなかった。

食洗機に関しては何度も選択をしたのだが、正しい選択だったためしはない。

このようにして、通常は何かしらに票を入れることができ、僕はそのたびに自問する。この票によって、自分に何ができるか、入れなかった場合はどうなるだろうか、と。大手ホームセンターに票を入れた場合や、入れなかった場合はどうなるだろうか、と。

まずはたいした違いはあるまい、と思うかもしれない。でも、たくさんの人が何度もそうすれば、地元の道具専門店は店がつぶれる心配をしなくてすむようになるし、ホームセンターのほうは、いつしか心配し始めるだろう。

食品もそれと同じで、牛乳一リットルを買うとき、大手ディスカウントストアに票を入れることもできる。ディスカウントストアは最も安い乳加工施設で買い入れるが、その牛乳は加工施設の名前ではなく「アルディ」とか「リドル」といったディスカウントストアのロゴ入りテトラパックに詰められる。もっと安い仕入れ先が見つかれば、そちらに乗り換えるが、テトラパックは変わらない。印刷された小さな文字がちょっぴり入れ替わるだけ。小さな楕円形のEU品質認証マークのなかの小さな文字と数字を読めば、製造元の乳加工施設がわかる。

「DE-BY 110」と印刷されていれば、この牛乳はオーストリアとの国境にあるベルヒテスガーデンのLand eGで加工されたものであることが、ネット情報でわかる。もう少し突っ込んで調べれば、この乳加工施設は酪農家

ボーア農場のパン売り場。どこで、誰から買うかは重要な投票行動になる

に対して公平で、まずまずの値段で牛乳を買い取っていることがわかる。つまり、ディスカウントストアではなく、良心的な乳加工施設に票を入れることにより、あなたにできることはたくさんあるのだ。

地産地消

もっといいのは、農家に直接票を入れること。そうすればあなたの票をもらう人と話をすることもできる。牛乳、野菜、果物、肉、穀物……これらの生産者に票を入れるとともに、あなたの希望を伝えることもできる。選んだ農家に、古い種類のトマトが食べたい、と言えばいい。すると農家は、そういう種類を栽培するのは交配種のトマトよりお金がかかる、と答えるだろう。そこであらたに選択の可能性が生まれる。希望する種類のトマトを栽培してくれれば票を入れる、と農家に伝えることもできるだろう。あるいは、その種類を栽培しないなら、票はあげない、と言ってもいい。たくさんの人がそのようにすれば、じきに農家は考慮し始めるだろう。古い種類のトマトを栽培したほうがいいのではないか、と。

生産者と直接接触する機会がないから匿名票になってしまう……という場合も同じプロセスをたどる。その場合は、レシートが投票用紙というわけだ。

ただし、ここには一つだけ難点がある。意識して有意義に、特定のものに票を入れたいと思ったら、まずは情報を集めなければならない。それは、快適ゾーンを去ることを意味する。快適ゾーンとは、快適で簡単で面倒のない、それまでどおりの場所。何もかもが簡単で、とくに買い物に手がかからない。

だが、それをやめて自問することになる。この食品はどこで育ったのか、誰が種をまき、誰が収穫したのか……といったことを。これを買えば、誰を支援することになる？　ほかの選択肢は？　こうした疑問のリストは延々と続く。たくさんの疑問に、かなりの時間がとられる。けれども、最も有意義な時間の投資ではないだろうか。あなたの健康と生活基盤がかかっているのだから。いや、あなただけでなく、ほかの人たちの健康と生活基盤、ひいてはあなたの子どもたちや孫たちのそれがかかっている。

政治はどうか。多数の人々が深く考えて意識的に票を入れるようになったら、政治家だって反応するだろう。あなた一人が行動しても政治家は何も気づかない。あなたと僕の二人で行動したら、政治家は気がついて冷笑するだろう。時とともに大勢が行動すれば、政治家は反対して、経済成長を促すための法律を二つや三つ、制定するかもしれない。

もしかすると、いつかは政治家も長期的に考えるようになるかもしれない。そうなれば、僕らは勝つ。それは、意識して選択するようになったおかげなのだ。

第10章
増加を求めず満足する——これまでのやりかたから新しいやりかたへ

完璧さが達成されるのは、加えるものがなくなったときではなく、取り除くものがなくなったときだ。

——アントワーヌ・ド・サン＝テグジュペリ

一九七〇年代、世界銀行の経済学者たちは、ブータンの国内総生産を高めることを目的として国王に援助金を申し出た。ブータンは、インドと中国のあいだに位置する、ノルトライン＝ヴェストファーレン州とほぼ同じ大きさの王国で、人口約七〇万人を擁している。国王は援助金を受けることに同意したが、今後は国内総生産とともに〝国民総幸福〟も算出すること、という条件をつけた。耳慣れない言葉だが、〝幸福感〟を測るなんて、どうしたらいいのか？ それは、思い切って新しいものを導入する、深い洞察を伴う試みとなった。

幸福について

幸福に対する国民の権利は、いまではブータン王国憲法にも取り入れられている。これが空虚な夢想になりはてないようにと国民総幸福センターも設立され、五カ年計画により生活の質の向上をはかっている。ブータン国民は、人生への満足度、教育、健康その他の側面についてのアンケートを定期的に受ける。アンケートは、わかりやすく書かれた質問七〇項目からなる。

現在では、ブータンで計画や開発がおこなわれるとき、国民総幸福は中心的なガイドラインであるとともに、重要な構想として最優先されている。もちろん国王の決定すべてに国民全員が賛同するわけではないし、一人ひとり異なる意見を持っている。それでも、一国の政治・経済発展についての決定を国民の幸福という観点からくだそうと試みるのは、特別なことだと思う。ブータンでは四〇年近く前から国民総幸福が存在するというのに、同じ程度の重要性でこれを経済に取り入れた国は世界のどこにもない。

ブータン政府の国民総幸福研究所・プログラム編成者ハー・ヴィン・トーは、幸福カテゴリーにおける思考を要約するため、仏教のことわざを引用している。

「一時間幸福でいたかったら、いねむりすること。一カ月間幸福でいたかったら、結婚すること。一年間幸福でいたかったら、遺産を相続すること。一生幸福でいたかったら、人々を支援すること」

共感とやさしさは幸福の基礎。この価値が僕らの社会であまり意味を持たないのはなぜだろう？　それは、自分や周囲の人々からしだいに離れつつあるため。すべては競争と化して、子どものうちからその状態にある。子どもが誰かに手助けすれば、「カンニング」と言われて罰を受ける。誤った能力を育成し、成績ばかりが重視されて、心はそこに伴わない。それは致命的な結果をもたらす。現在の病気の大部分はストレスや好業績に対するプレッシャーが原因となっている。アメリカ合衆国における抗うつ薬の使用は、過去一〇年間に四〇〇パーセント増加した。じつは、その治療には処方箋もいらず、お金もかからない。それは、〝自分の心に耳を傾けること〟。

元ヴュルツブルク＝シュヴァインフルト大学教授で、経済理論、統計、創造的技術を専門とするカール＝ハインツ・ブロードベックは、仏教的経済技術を説いているが、あるスピーチで仏教における三毒について次のように語った。

「無知、貪欲、憎しみは心を害する三毒で、これらのとりこになれば悪が生じる。これらに注意を払い、これらの力を徐々に取り払うことが善である。善悪という観点からみれば、仏教のおしえはこのように簡潔に要約される。心を害する三毒は、経済システムのなかにも複数の異なる特徴で存在する」

高山農場では、夏は牛の放牧も営む

無知は時間がないことから生じる。カネとは実際に何なのか、人の心にどのように影響して人生をどう変えるか、といったことを考える人はほとんどいない。日々の糧である食品がどのように生産されているか、ということを調査して知っている人はわずかしかいない。

貪欲は世界中で加速されている。あなたには欠乏しているものがあって、それをなくすには購入するしかない、と広告がたえず暗示する。もっとほしいという欲望があまりにも強力なので、繁栄と思い込んでいるものによって、あなたの時間や生活の質が失われつつあることに気づかない。

経済システムにおいては、憎しみはライバルに向けられ、競合は商売を活発化する。だが、われわれの生活基盤を破壊するのも競合だ。ライバル社より安い製品をつくるために、多くのメーカーは品質を落とす。そのため製品はすぐに故障して捨てられ、新しいものがそれに代わる。最近の調査によると、機器類が長もちしなくなったために、ドイツ国内における出費は一〇〇〇億ユーロ増加したという。一人あたり一二五〇ユーロ、ボクナー家では六二五〇ユーロ。働いて稼いだお金を、資源浪費のために投資しなければならないのだろうか？　これでは解決にはなるまい。

だが、解決とはいったい何だろう？　ボーア農場では、生活を変えることに決めた。できるだけ自然のリズムに従い、動物を尊重し、単純な行為によって世界をちょっぴり変化させようと努力している。言い換えるなら、心を害する三毒の力を取り除こうと努力している。

僕にとっては〝持続性の三角形〟が役に立っている。本章でのちに紹介するつもりだが、その前に、適切なときに行動することの重要さを、僕の体験を例にとって示したい。

鶏小屋の誕生——重要なことがらに焦点を合わせる

「私たちでなければ誰が、いまでなければいつ、行動をとるのか」

これはジャンヌ・ダルクのいちばん有名な言葉だが、僕の思考と行動がここにそのまま表れている。僕の注意は、つねにいま自分がしていることに向けられている。それ以外のことに思考を向けたり時間をとったりするのは困難だし、これが正しいと考えている。なぜなら、特定の仕事に気持ちを集中させることは重要だからだ。

数名の求道者が、禅の師匠のもとを訪れて、たずねた。

「先生、幸福で満足な気持ちになるために、何をしているのです？　私たちもあなたのように幸福になりたいのです」

老人は穏やかな笑みをたたえ、

「横になるときは、横になる。起き上がるときは、起き上がる。歩くときは、歩く。食べるときは、食べる」と、答えた。

求道者たちはとまどって見つめ合い、一人が思わず言い返した。

「どうかまじめに話してください。先生がおっしゃったことは、私たちもしています。眠り、食べ、歩く。でも幸福ではない。秘訣は何です？」

すると、さっきと同じ答えが返ってきた。

「横になるときは、横になる。起き上がるときは、起き上がる。歩くときは、歩く。食べるときは、食べる」

求道者たちの狼狽と不機嫌を感じ取った師匠は、しばらくしてから言い添えた。

「君たちも横になり、歩き、食べるのはたしかだ。だが、横になっているとき、起き上がることを考えているし、起き上がるときには、どこに行こうかと考えている。歩いているときには、何を食べようかと考えている。つまり君たちの思考は、いつも行動とは別のところにある。ほんとうの人生は、過去と未来の交差点で進行している。このはかり知れない瞬間に完全に専念すること。そうすれば幸福で満足な気持ちになるだろう」

ファームショップを建てたとき、まさにそのとおりだった。数週間にわたって、僕の頭は〝建設現場〟に占められていた。

ボーア農場で新しいものが誕生するとき、いつもほとんど同じプロセスをたどる。まず僕の頭のなかでプロジェクトが成熟し、次に妻マリアとそれについて何度か話し合う。彼女から新たな刺激が与えられる。それは女性特有の刺激で、企画の実現に重要な役割を果たす。計画が完成すると、それは現実化を求める。「頭のなかで思考を転がす」状態は、誕生につながる。そこまで来ると、もはや中断することも中休みを入れることもない。

ボーア農場を始めてから、そのような〝誕生〟を何度も体験した。ファームショップ、ファーム喫茶〝バウエルンシャンク〟、野菜畑、大きな池、豚小屋……これらはすべてそうやって誕生した。あるプランを実現しようとすると、そのために必要な物質が、吸い寄せられるように僕らの手に入った。

最後の大きな企画である鶏小屋のときもそうで、僕は長いこと古いトレーラーハウスを探していた。移動式鶏小屋に建て替えようと考えていたからだ。中古のトレーラーハウスが売りに出されることはまれで、たまに広告を見つけても値段が高すぎるか、場所が遠すぎるかのどちらかだった。だが、適当なトレーラーがそのときに見つからなくて幸いだったのかもしれない。鶏小屋プロジェクトは、僕らにとって負担が大きすぎただろうから。

昨冬のこと、うちから遠からぬある駐車場に、トレーラーハウスが立っていた。張り紙に「売ります」と書かれている。美しいといえるものではなかったが、使用目的には十分な大きさだった。すぐに電話をかけて交渉すると、条件は僕らにぴったりで、二週間後にそれは農場に届けられた。ところが、牧草地に設置するには外見がそぐわないのだ。移動式鶏小屋として機能はするが、視覚的にも周囲に適合しなくてはならない。そこで、トレーラーハウスを木板で覆って、この地域の牧草地によくある小屋にみたてることにした。

それより二年前、馬小屋を解体した。かなり年代物の馬小屋で、一〇〇年以上前の美しい木材をふんだんに使ってつくられていた。その馬小屋を買い取った友人は、取り壊してそこに家を建てることにしたのだが、それを見たとき、木材を処分させるわけにはいかない、と強く感じた。そこで僕らは、使える場所をあちこち探し、パン焼き小屋やファーム喫茶に利用したところ、それらの建物はずっと昔から建っているような趣となった。お金はかからず、気分のいい生産的な仕事をちょっとしただけなのに。

鶏小屋にも古い馬小屋の木材を使いたかったが、残りは少なくなっていた。そこへ、またしても偶然に助けられることになる。隣家の敷地の前に大きな廃棄物用コンテナが置かれているのが妻の目にとまった。友人が古い納屋を取り壊す予定で、木材処分のために取り寄せたものだった。こうして美しい古い木材がまたしても手に入った。隣家の納屋を取り壊し、二〇〇メートル先で組み立てる作業をおこない、移動式鶏小屋ができあがった。外見的には、トレーラーハウスには見えず、周囲の景色にすんなり溶け込んだ。

それは、すばらしい偶然だった。僕らがちょうど古い木板を探していたときに、隣人が納屋を解体するなんて。でも、ほんとうに偶然だったのか？　こうした偶然がたくさんあったので、ときどき偶然だとは信じたくない気がする。けれども、これらのできごとに特別なオーラを与えるかどうかは別としても、目の前の計画に焦点を合わせるだけで、重要なものが見えてくる。そのようにして、ふだんなら気づきもしない廃棄物用コンテナが目に入ったのだから。

古い法則のバリエーションが、ここに生まれた。思考は言葉になる。そして、言葉は作品に、作品は現実となる。

〈実践マニュアル10〉
庭で鶏を飼う

妻と僕が初めて高山牧場で夏を過ごしたとき、採卵用の鶏を三羽、持参した。

それ以来、数羽の鶏を飼育するのはほとんど手がかからないし、〝自家製〟の卵を食べるのはほんとうにぜいたくなことだ、と何度となく人に語ったものだ。

実際そのとおりで、いくつかの点に留意すれば鶏の飼育は大変な仕事ではない。

鶏小屋

鶏小屋にはあまり面倒がいらない。壁の密度は、キツネやアライグマといった動物に侵入されない程度でいいし、鶏が日中戸外に自由に出られるなら、それほど大きくなくて大丈夫。高山牧場では古い木板を何枚か合わせて、幅一・二メートル、高さ六〇センチ、奥行き八〇センチの小屋をつくり、四本の柱の上に固定し、鶏が上り下りできるよう専用の梯子を設置した。

小屋の内部に、次の二点をかならず用意すること。

■鶏が夜を過ごすための止まり木。高山牧場の鶏小屋には、床から一五センチの高さに、一方の壁から反対側まで棒を渡した。

■鶏が卵を産むための〝産卵床〟。卵を産む場所は、やや暗く、四方が開けていないのが好ましい。高山牧場の鶏小屋の場合、左側にドアがあり、右側は日中も暗がり

卵がほしいのか、食肉をとりたいのか。どの種類の鶏が適しているかは自分で選ぼう

になっていたので、右の隅っこに藁を敷くと、すぐに産卵床として受け入れられた。

■産卵床のすぐそばの板を切って細工し、卵を取り出すために開閉できるようにする。

自分の家畜に最高のものをと願うのが人のつねなので、鶏一羽につき一個の産卵床を用意する飼い主は多い。だが、実際には一〇羽に一個で大丈夫。鶏は、すでに卵のある産卵床に産むのを好むからだ。

そのことを知っていれば、産み場所を鶏に教えるのもたやすい。

■石膏でつくられたダミーの卵を産卵床に置くと、鶏はすぐに産み場所を習得する。固ゆで卵を使ってもいいが、その場合は産みたての卵と区別ができるようにすること。

鶏と産卵

リンゴの木と同じく、鶏が卵を産むのも、朝の食卓にのせられるためではない。鶏が卵を産むのは、生殖本能がはたらくからで、卵を産卵床から取らないでそのままにしておくと、鶏は産卵をやめて温め始める（少なくとも古い種類の鶏の場合）。

卵を取り去れば、さらに産み続ける。鶏の種類によってその数は異なるが、この方法で一羽の鶏が一年間に二〇〇個ないし三〇〇個の卵を産むこともある。

雄鶏

雌鶏は、雄鶏なしでも卵を産むが、その場合は無精卵。それでも、鶏は温め始めることもあるが、ヒヨコは生まれない。

雄鶏がいるのといないのと、どちらが雌鶏にとって幸せかどうか、僕にはわからないが、個々の性質によると思う。そういう理由から、雄鶏をいっしょに飼う飼い主もいる。

知ってのとおり雄鶏は騒々しいので、騒がしさを好まない人は雄鶏を飼わない。

雌鶏が卵を孵化させ、ヒヨコを育てるのを体験したければ、雄鶏を連れてくるか、有精卵を入手すればいい。

ただし、有精卵からヒヨコがかえっても、そのうち五〇パーセントはオスであることを覚えておこう。つまり、雄鶏として機能する前に食用になることもある。

　雄鶏を飼うことに決めた場合は、隣近所と問題が生じる可能性もある。新鮮な卵を分けてあげたり、ときには鶏肉をおすそわけすることで埋め合わせとなれば、隣人が雄鶏に腹を立てることもなくなるだろう。都市でもそのような例はたくさんある。

　それに、休暇でしばらく留守にするときは、鶏に餌をやってもらえる。

雄鶏は騒がしいので、それを好まない人は飼うべきではない

鶏の運動場

　狭い場所にたくさんの雌鶏が生活している場合は、かならず芝地の一部を耕し始める。鶏は地面を引っかいて、虫など餌になるものを探すからだ。

　そこで、野菜畑の一部を鶏のために使い、柵で囲む。天気がよくて草が乾いていれば、ときどき野菜畑のほかの部分に出し、餌を探せるようにしてやっても、野菜畑がだめになることはない。十分な場所があれば、鶏数羽でたいしたダメージにはならない。
■鶏用の柵をつくる場合は、最低一メートル、できれば一メートル半の高さにすること。また、捕食動物が侵入できないようにすること。
　鶏の運動場に欠かせないのは次の三点。
■水飲み場――深皿に水を入れて置いてもいいし、鶏用給水器でもいい。
■餌入れ――やはり深皿でもいいし、専用の給餌器でもいいが、鶏がしじゅう排泄しないようにすること。

■砂場——鶏は砂で羽を清め、皮膚や羽に寄生するハジラミに対処する。たらいのような容器に、土と細かい砂と少量の木灰を混ぜ、隅っこの乾燥した場所に置く。砂場があれば、鶏は皮膚を刺激する寄生虫を防ぐことができる。

餌

卵一個を産むために、鶏は約一三〇グラムの餌を必要とする。餌は穀物（小麦、オーツ麦、トウモロコシ）だけでもいいし、鶏が牧草やコンポストや牛糞などから餌の一部をとるようにしてもいい。

■家庭で出る食品の廃棄物をまず鶏に与え、鶏が食べなかったものをコンポスト化にまわしてもいい。大部分が鶏の餌になることがわかるだろう。

■鶏の種類によっては、塩分に対して敏感に反応する。古くなったパンに含まれる塩分だけでも、腎臓にダメージを与えることもある。

種類

どの種類の鶏が適しているかということは、自分で選ぼう。決め手となる要素はたくさんある。広い運動場があるかどうか、肉も食用にするかどうか、など。

■卵をよく産む種類もあるが、メスもオスも食用にするほどに太らない。

■逆に食肉に理想的な種類もあるが、卵をあまり産まない。

■食肉と採卵の両方に適した種類に、フランス産のブレス鶏やオー

餌は家庭で出る食品の廃棄物でもいい

ストリア産のスルムタール鶏がある。産卵がよく、肉もローストやスープなどに使っておいしい。

そのほかには、大きい種類か小さい種類か、従順な種類かとりわけ用心深い種類か、あるいは冬の寒さに強い種類を選んでもいい。ドイツ語圏だけで約二〇〇種類の鶏が知られている。この点についても、複数の養鶏協会の専門家に相談することをおすすめしたい。

法的状況について

■農業用家畜を飼う場合は、農業用家畜保持者として登録する必要がある。

ネコ二〇匹、あるいはカメ一〇匹を飼うのは問題ないが、鶏二羽を庭で飼育する場合には地域の管理当局に申請する必要がある。

つまり、有用家畜の飼い主は、現行の動物保護法（訳注：日本では家畜伝染予防法）を守っているかどうかの検査を受けることもある、ということだ。

これで、朝食用の卵を自宅の庭から、というアイディアは実現可能になった。

一つ言い添えることがある。高山牧場に鶏三羽を持参したとき、毎日三個の卵というのはけっこうな量であることに驚かされた。だが、卵を産まない日もあることを留意しておきたい。とくに冬は産卵量が少ない。

飼育のルールは地域によって異なるので、飼う前にかならず確認すること

持続性、または思いやりを持って世界とつきあう

〝持続性〟とは、じつに味気のない言葉だと思う。少し前に、哲学の某女性教授も、あるラジオ番組で「魅力のない言葉」と表現していた。もしかすると、この言葉の響きのせいで、背後にひそむ思想が定着しないのかもしれない。持続性のために語られたたくさんの善意の言葉は、実行されなかった……政治家や経済界ばかりでなく、われわれ消費者も実行しなかった。ぜんぜん足りなかった、と言ってもいい。

ところが、本来この概念はほんとうに肯定的な思考を表現したもので、われわれが現在ここでしている活動について、また、時間をかけてするべきことがらについて、次の世代にもいっしょに考えてもらいたいという意味だった。

〝持続性〟という言葉は林業に由来する。森林とかかわる活動をする人には、言葉の意味がよく理解できると思う。

僕がある木を切断するなら、それは七〇年ないし一〇〇年前に誰かが植えたものだ。もしかすると、地面に落ちた種子が、理想的な条件のもとで成長したのかもしれない。土に落ちた種子がうまく成長するための条件は三つある。水、光、豊かな土壌。水と豊かな土壌は、森林にはたいていある。問題は光で、大木が古くなったか朽ちたかして倒壊する場合や、オーナーが切り倒した場合、種子は十分な光を受ける。

誰がその木の成長を助けたのか、僕は知らないが、伐採されるにはそれなりの理由がある。たいていは物質的な理由で、建築用木材または薪が必要だったか、お金がほしかったか。いずれにせよ、伐採するのは病気の木または成木だ。そのほか、価値の高い周囲の樹木が健全に育つように間伐することもある。価値が高いといっても、金銭的価値に限らず、森全体のために重要なことかもしれない。間伐によって健全な混交林が形成されることもあるからだ。とにかく、伐採によりその責任者は数年後、あるいは数十年後の森林の状態と健全さへの基礎を置くことになる。

僕の行為が正しかったかどうかとは無関係に、行為の結果を見るのはたいてい僕ではなく、次の世代、または

さらにその次の世代になる。森林の樹木を伐採して、森林とその成長を促すことはできるが、長期的に思考しなければならない。僕は借りているだけなので、四〇年、五〇年、六〇年と経ったとき誰が森を管理することになるかはわからない。子どもたちかもしれないし、ぜんぜん知らない人たちかもしれない。それはどうでもいいことだ。なぜなら、何をするにせよ、経済的利害のためだけに行動しているわけではないから。カネを稼ぐことだけを考えるなら、森林をまるごと伐採したほうがいいだろう。

森林を裸にしてあらたに植林し、一〇年ごとに間伐して六〇年後にすべて収穫する。それが最も利益になるやりかただが、繊細な生命空間である森林を破壊することになる。いや、森林の持つもっと重要な諸機能も破壊することになる。自然の肺でもある森林は、二酸化炭素を酸素に変える。根っこは地面を強化し、葉のおかげで調和した森の気候が生じる。森林を管理するときは、こうしたことのほかにもさまざまな要素を考慮しなければならない。できるだけ全体を網羅する長期的思考および行動が、林業では〝持続的〟と呼ばれてきた。

この言葉は、時とともにほかの多くの領域で使われるようになったが、実際にあらゆる生活分野に投影される。抽象的な言葉である〝持続性〟を可視化し、行動のための一種の〝マニュアル〟として使えるのが、すでに述べた〝持続性の三角形〟。それぞれの角は「経済性」「生態系」「社会的権利、または社会性」を表している。できるだけ持続的に行動したいと思ったら、①懐具合はどうか、②自然や環境にやさしいか、③周囲の人々や次の世代にどのような影響があるか、という観点から思考する。

信頼がすべて――ボーア農場は持続性の小切手

ボーア農場は、経済的にはファームショップ、ファーム喫茶バウエルンシャンク、それに近年始めたセミナーにより維持されている。つまり、生活費をそのようにして得ている。生態系を代表するのは、牧草地や畑、動植物。社会性は妻と僕と子どもたち、それに友人たち。実習生がいるときは、彼らももちろん含まれる。

ボーア農場には、外部の人たちに理解してもらうのが難しい点がいくつかある。農場で経営しているファーム喫茶バウエルンシャンクは、日曜日を含む週四日休業なのだ。じつは、通常の営業日以外の日に誕生日や家族の祝いなどで使わせてもらえないか、という質問を受けることがたびたびあるが、その大部分はおことわりしている。毎日営業してもっと利益を上げることも、もちろんできるだろう。でも、そうすると僕らの望む農業を営むことができなくなる。なぜなら、うちの農法は大部分が手作業で、ものすごくたくさんの種類の動植物を飼育・栽培しているが、そのための時間が足りなくなってしまうからだ。家族や友人と過ごす時間もなくなるし、レジャーの時間もとれなくなる。このように説明すれば、ファームショップやファーム喫茶を毎日営業できない理由はおおむね理解してもらえる。

うちの二〇〇〇平方メートルを持続性のメガネで見たとき、生態系という点で文句を言うべきことはなさそうだ。経済面でも満足しているし、社会性をなおざりにしないよう気をつけている。つまり、持続性の三角形の真ん中にバランス点をつけられそうだ。もう少し生態系を強化することも、当然できるかもしれない。機械の使用を完全にやめて、すべて手作業に切り替えることもできるだろう。その場合には、経済性を悪化させないために労働時間を増やすことになり、社会性が低下する。また、持ち分の二〇〇〇平方メートルを使って短期間ではるかに高い利益を得ることも可能だが、そこには生態系の犠牲を伴う。それに土壌に大きなダメージを与えれば、次の世代を犠牲にすることにもなる。

うちは五人家族なので、二〇〇〇平方メートルの五倍にあたる一万平方メートル、つまり一ヘクタールの用地がある。一人ひとりが持ち分の耕作地を運用することもできるし、一ヘクタールの土地を家族共同で農耕に使うこともできる。つまり各人がなんらかの分野を専門として、自分の好きなもの、得意とするものの世話をするということだ。そのためには意思疎通や調整が必要となり、時間もかかるが、結果的にはそのほうが得るものは大きい。

この共同作業には重要な〝副作用〟があり、人々の間に信頼が生まれる。家族においては、すでにあった信頼がさらに深められる。

妻がトマトとキュウリの世話をきちんとするとともに

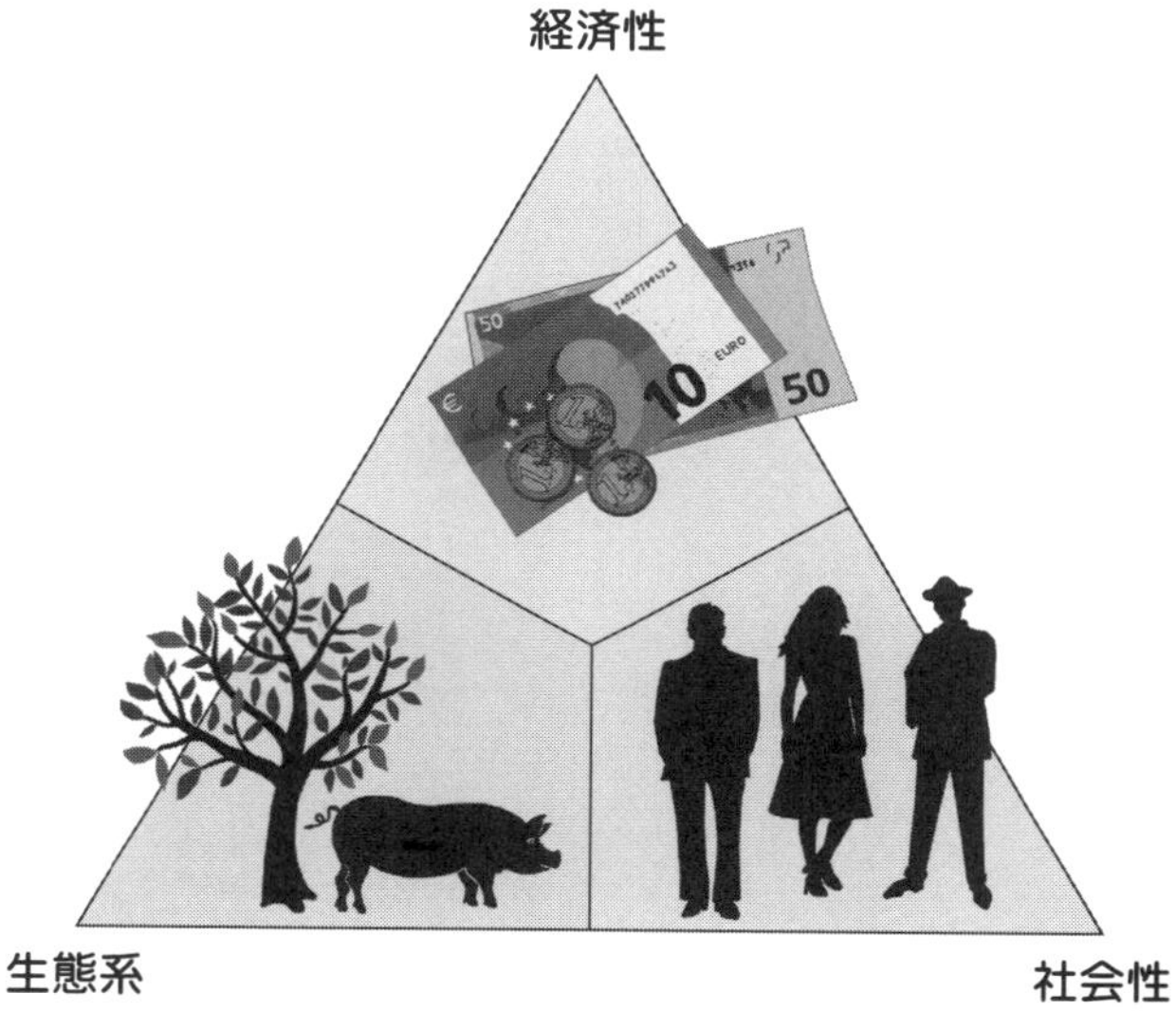

持続性の三角形

土をやさしく扱うことに、僕は信頼を置いている。また妻と子どもは、家族が一年間食べるのに十分なジャガイモを収穫する、と、僕を信頼している。純粋に社会的側面からみると、この点は家族内では問題とならない。たがいに知っているし、ある意味で依存し合って生活しているので、各人が自分と家族メンバーのために最良の食品を製造するとともに土をいたわる努力をしていることを、家族みんなが信頼している。

けれども、いっしょに仕事をする人たちが家族ばかりとは限らない。最初は面識のなかった人たちが協働することも、理論的にはいくらでもある。実際には、人数がある程度を超えると、個人的つながりが失われる。人数が多くなれば、ジャガイモ栽培に携わる人全員と個人的つながりを持つことはできなくなる。概観は失われ、僕のためにトマトやメロンを栽培している人の名前を思い出せなくなる。この状態では、信頼はますます重要になる。

だが、ここで仕事に携わっているのは人間なので、匿名性を利用しようとする人が出てくるかもしれない。匿名を笠に着て、僕が実行しほかの人たちにも期待するやりかたで土をいたわらない人が出れば、持続性の三角形の中心から外れてしまう。農薬を使用して(短期的または中期的に)収穫量を上げれば、経済性のほうに寄ることになる。土壌の質がしだいに目に見えて低下すれば、やがては社会性の角からも遠ざかる。

それでは、限界はどこにあるのか? 三角形の中心点を維持したままで、どのくらい拡大できる? 社会学者はこの限界を〝フェイスブック域〟と名づけ、約一〇〇人としている。真の友人といえるのはだいたい一〇〇人が限界で、それを超えると非理性的となり、さらに純粋に非現実的になる。

新しい共同体で自分たちに必要な食品を製造したい、あるいは食品の一部を製造したいと願うなら、協働すればいい。農産物市場とは違い、メンバーは二〇人程度といったところだろうか。五〇人またはそれ以上の場合もあるかもしれない。ただし、メンバー全員がたがいを知り、信頼し合えるベースを築いて、資源を酷使する人が出ないようにすること。

農業共同体はすばらしい個人的体験であるとともに、別の形の農業へ近づく一歩でもある。

有機農法なら、すべてよし?

従来農法による工業型農業においては、持続性のありかたはもちろんこれとは違い、三角形の中心点は、経済性の角に位置するのではないだろうか。広範囲にまかれる多量の農薬、土壌の酷使、モノカルチャーといったやりかたでは、生態系に近づけないし、安い季節労働者を雇うことで社会性の角にも移動できない。

率直にいえば、従来農法農家のなかにも自然を過度に傷つけたり、安い季節労働者に頼ったりしない農家はある。僕も何人か個人的に知っているが、残念ながらそれは例外といえる。

それでは、有機農法に切り替えさえすればすべてよし、といえるだろうか? よくなることは事実だが、それほど大きな違いではない。一九七〇年代に有機農法を始めた農家たちはパイオニアで、自分たちの信条を一〇〇パーセント実行していた。化学肥料や農作物を害虫から守る農薬の使用を史上最大の業績とみなしていた当時の社会にあって、彼らは強い批判の目を向けられていたので、それは必要なことでもあった。

現在では事情は変わり、有機農家は特別なものではなくなって、従来農法の農家と同じように受け入れられている。また、信条のためではなく、経済面だけを考慮して有機農法に切り替える農家が増えている。偽善的なところもあるが、自然や環境にはプラスになる。また、次の世代が有機農法の正しさを確信して農場を受け継ぐことはよくある。

全体的にみると、有機農業は時とともに強力に産業化され、ますます合理的に経営されるようになった。大手スーパーやディスカウントストアがトレンドに注目して金儲けをねらいはじめたことも大きいが、この合理化は奇妙に開花し、それは地元のスーパーの野菜売り場にも表れている。野菜と果物は、「従来農法」と「有機農法」の二種類に分かれている。

従来農法のリンゴは一個ずつはかり売りだが、有機栽培ものは、光沢印刷された厚紙の箱に四個から六個おさめられ、透明なフィルムに包装されて売られている。キュウリも従来農法のものは裸だが、有機栽培ものは細長い透明な袋に入っている。レモンも同じで、従来農法のは一個ずつ買えるが、有機栽培ものは四個ずつネットに入って売られている。有機レモンは収穫後農薬を散布していないため、表面にカビが生えることがよくある。安価な従来農法ものはカビの生えたものだけが廃棄されるが、有機栽培ものはたった一個のためにネットごと全部処分される。

現在では有機栽培ものを扱うスーパーが増えて小売の自然食品店を脅かしているが、〝有機栽培〟ではあっても〝持続性〟があるとはいえない。クリスマスにはモロッコ産のイチゴが売られているし、ジャガイモが一年中販売され、四月半ばにはイスラエル産が店頭に並ぶ。世界各地で生産された野菜や果物が販売され、値段の差がなければ季節の違いに気づくこともない。ほんとうに高級な店では、飛行機輸送された有機栽培果物も手に入る。ふつうマンゴーやオレンジやパイナップルは、船で長期間かけて輸送するあいだに腐らないよう、青いうちに収穫される。だが、陽光のもとで完熟してから収穫し、すぐに飛行機で輸送されたものまであるのだ。

有機農業のなかでも産業化されたマーケティングチェーンは、持続性という点では大部分の従来農場とあまり変わらないといえる。

だが、最初のアプローチは正しいもので、ドイツ語圏で最初に設立された真の有機農場は、人智学の思想の影響を強く受けた、デメーター農業連合だった。人智学を最初に唱えたルドルフ・シュタイナーは、早くも一九二四年に「農業を豊かにするための精神科学的基礎」という理論を展開している。デメーター農業連合は、人智学を次のように説明している。

人智学では、世界と人間を〝多次元的存在〟として把握し、認識するよう心がけるとともに、現在支配的な〝物質的世界観〟を〝精神的見識〟によって補完するよう求めている。このとき、人はみな瞑想と労働によって精神的経験を得られることが前提にある。人智学を創始したルドルフ・シュタイナーは、現代人にわかりやすく、しかも科学的とみなせる形で精神的研究の成果を提示しようと生涯努めた人だ。

生体機能学上特別な方法としては、特定の調合品を製造し、家畜の糞や水肥といった農林業用自然肥料に加えるか、または水に溶いて地面や植物に散布して使用した。それは、地球の成長要素（栄養分など）と宇宙の成長要素（光、水、〝リズム〟など）のもたらす効果、さらに栽培方法の効果を高めるための工夫だった。

一九六〇年以降には、デメーター哲学をもとに種々の有機農業組合が生まれた。初期における彼らのガイドラインは、ほぼデメーター哲学に則ったものだったが、近年の有機農業組合では〝精神的見地〟や〝宇宙から受ける影響への考慮〟といった点がガイドラインに含まれていない。

今日でもデメーター農業連合は、加盟農家に対してほかの有機農業組合（Bioland, Naturland など）より高い要求を課している。デメーターは骨の髄まで有機農家といえる。それでも「市場の要求」の一部に譲歩し、交配種の種子の使用を数年前から許可している。また、デメーター農家産のナスも、ほかの農家のものと同じく大きさが揃っており、そうでないと売れないという。ここでも農家と消費者の断絶が問題となっている。

「少量化」で環境にプラス

こうしたことから何がわかるだろう？　まず、デメーター農家は持続性の点では理想に近いということ。もう一つは、工業型の有機農家は最良の形とはいえないこと。

それと、持続性のある生活はそう簡単には送れないらしいこと……いや、もしかすると、簡単でないようにつくられている？

それでは、〝持続性〟のある行動とは、どういうことか？　もちろんＳＵＶ（スポーツ用多目的車）に乗って買い物に行くことではあるまい。また、バイオエタノールを含む燃料を消費する車で有機作物を売るスーパーに行くことでもあるまい。

〝持続性〟のある行動を食品購入にあてはめるなら、車を使わずに徒歩または自転車で行くこと。肉の量を減ら

池はたくさんの生きものが集まる重要な水辺

して、地元の有機農家で栽培された野菜をもっと食べること。自分の消費生活はこれでいいかどうか、批判的に問いなおすこと。

難しい？　そんなことはあるまい。

唯一の難点は、〝満足〟の文化は世界の経済システムに合致しないことだ。

〈実践マニュアル11〉
キュウリ
――種子からピクルスまで

三月上旬

うちの牧草地や耕地には、雪がまだ五〇センチほど積もっている。戸外の寒さは相当に厳しいけれど、妻は二年前にしつらえた専用の部屋で、二週間ほど前から長時間作業をしている。

ガレージの壁に板を張り、古い窓を数カ所に取りつけ、植物用電球を数個つけた。この専用の電球の光は日光にすごく近いので、植物の成長に適している。光熱費を最小限に抑えて二三度まで暖房できるよう、部屋はかなり狭い。

妻は、毎日この部屋で種子を土に植えつける。今日はキュウリの日。

■種子は三年前にとれたもの。キュウリの種子は、収穫後に最低三年くらい寝かせると、よく実がなる。種子を収穫した翌年にまくと、よく成長はするが、あまり実をつけない。

■小さな鉢を使い、キュウリの種子を、一センチの深さに入れて水をかける。

五月中旬

何種類ものキュウリの種子から出た芽は、すでに一五センチほどに成長している。芽を出さなかった種子は二個だけで、あとはきれいな芽が伸びた。温室内は十分に暖かくなったので、小さな苗を地

キュウリの種子は収穫後、３年ほど寝かせるとよく実がなる

面に植える。

■地面にはあらかじめ熟成馬糞で栄養を与えておくと、キュウリはすくすく成長する。

七月中旬

最初の実が成熟する。

■各種類で最初に成熟した実に赤いリボンを結びつける。これは「とらないこと」のしるしで、最初になった実は数週間後に収穫して、のちにまく種子をとる。

八月下旬

毎日バケツ数杯分のキュウリが収穫できる。よく実をつけるのは、ピクルスに適した古い種類。数日間分の収穫がたまったら、酢その他の調味料とともに火をとおし、ガラス容器に入れて密閉する。

自家製ピクルス。8月には、毎日バケツ数杯分のキュウリが収穫できる

九月下旬

赤いリボンのついた実を収穫する。このキュウリは、ふだん食べるものと見た目がぜんぜん違っている。かなり大きく、食べごろの完熟をとっくに過ぎて、皮はオレンジがかった黄色になっている。こうなると、内部の種子も熟している。

■種子用の実をさらに四週間保存して追熟させる。

一〇月下旬

その年の収穫はほぼ終わる。まだちらほらと実るが、まもなく温室内でもキュウリには寒冷になる。

■種子用キュウリを縦に二つ割りにしてスプーンで種子を掘り出す。

■種類によって異なるが、一個のキュウリから一〇〇個ないし五〇〇

○個の種子が得られる。種子はゼラチン状の物質に包まれ、これが実の内部で発芽するのを防いでいる。発酵させることでこの層は取り除かれる。

■種子と少量の水をガラス容器に入れ、蓋は閉めずに容器の上にのせる。こうして発酵により出るガスが流出する。

■種子と水からなる中身は、いくらもしないうちに発酵し始め、ゼラチン層が解ける。一日か二日すると、種子がぬるぬるしなくなったのが、目で確認できる。

■このとき上に浮いている種子は、発芽しないので取り除き残りの種子を洗って乾燥させる。乾燥した種子は、紙袋またはねじ蓋付ガラス容器に入れて冷暗所に置く。こうして数年間、保存できる。

一一月上旬

キュウリ栽培には気温が低すぎるので、地面から植物を引き抜き、そこに冬野菜を植える。妻が数週間前から種を植えつけて準備したもの。

二月中旬

自家製ピクルスを食べながら、去年の夏を思い出す。二週間後には次シーズンのための種まきが始まる。

第11章
変化のための共通の道

だれも思い切ってしないことを、
思い切ってすること。
だれも言わないことを、言うこと。
だれも思考しないことを、
思い切って思考すること。
だれも始めようとしないことを、実行に移すこと。

だれもイエスと言わないなら、イエスと言うこと。
だれもノーと言わないなら、ノーと言うこと。
みんなが疑っていたら、信じる勇気を持つこと。
みんなが同じことをするなら、それをしないこと。

みんなが称賛したら、疑問を抱くこと。
みんなが嘲るなら、嘲らないこと。
みんなが出し惜しむなら、物を贈ること。
暗闇ばかりだったら、光をともすこと。

——ローター・ツェネッティ
（ドイツの神学者・作家）

最後の章には、希望や自信や信頼がたくさん含まれている。それは、人間の持つ善良さに対する希望や信頼であり、自分の直観に対する希望や信頼だ。世界をよい方向に変化させるための創造力を僕らは持っていると信じること。

二〇一六年四月八日、オーストリアで「Das Leben ist keine Generalprobe（人生はリハーサルではない）」という映画が公開された。監督はニコル・シェルクで、オーストリアの靴製造・直売チェーンであるＧＥＡ・ヴァルトフィアトラーの創始者ハインリヒ・シュタウディンガーを数年間にわたって撮影したものだ。シュタウディンガーはオーストリアの市民的不服従のシンボルとされているが、ほんとうはそれを超える存在といえる。僕はインスブルックでの試写会に参加させてもらい、ニコル・シェルク監督とシュタウディンガーにそこで出会った。シュタウディンガーの挨拶は次のようなものだった。

「全人類の半数は、いまある世界とは違った世界を望んでいると確信している。もっと人間にやさしい世界、カネという独裁者のいない世界を」

　映画を観て印象的だったのは、絶対多数派である人々、つまり、よりよい世界を望む人々をシュタウディンガーが結束させ、市民的不服従への勇気を吹き込んでいることだ。市民的不服従とは、熟慮せずにいつまでも主流に従うのをやめること。言い換えるなら、熟慮し、創造的に思考し、それに沿って行動すること。パーマカルチャーの特別な形といってもいい。

　僕は、シュタウディンガーの思想にとても共感する。彼が理論家だったなら、社会を変化させようとする人々の主導者となることもなかっただろう。行動派のシュタウディンガーは、ぜんぜん別のやりかたでうまく機能することを示してくれる。それは、現行の経済システムはうまく機能している、と説く真実とはかけ離れたやりかたでもある。

「私は資本には興味がない。大事なのは人生。カネは道具であって、神ではない」

　彼の言葉には本質をついたものがたくさんあるが、これもその一つであり、僕も同じように考えている。

もともとある解決法で新しい問題に対処

　変化を導くために新しい世界を発明する必要はない。大部分の解決策は過去にすでに存在したものなので、発見しなおせばいい。大きな解決策は、すごく単純なことが多い。

　そのことをきわめて印象深く内省的に表現したのが、作家ハインリヒ・ベルの『Anekdote zur Senkung der Arbeitsmoral（労働意欲低下についての逸話）』という作品だ。

この話のなかで、旅行者が漁師に語りかける。すでに海に出てその日の収獲を終えた漁師は舟のなかで居眠りしているのだが、旅行者にはそれが理解できない。そこで、もっと仕事をすれば何が得られるか、言葉巧みに描写する。評判、名誉、カネ……もっと働かなければそれらは得られないし、キャリアの頂点に達してからリタイアして、港でいくらでも居眠りできるではないか、と。それに対して漁師は、そんなことならいまだってできる、と答えた。旅行者は、立派なキャリアがなくても幸せになれることにやっと気づく。せかせか、がつがつした行為より、〝昔からある〟満足感のほうが役に立つということに。

現代の諸問題をどう解決するか模索するとき、一世代ないし二世代前の人々の解決法を考慮する価値はある、と僕は前々から考えている。

世界銀行が一九八九年に作成した報告書に、次のような記述がある。

アフリカ北東部の、エジプトとエリトリアのあいだに位置するスーダン共和国では、ヨーロッパ中部で一九五〇年ごろ一般的だった知識や技術、設備により農業が営まれており、スーダン共和国だけで一〇〇億人分の食糧を生産することができる。

当時のスーダンの国境線（二〇一一年に南スーダン共和国が独立する以前）は、北緯三度と二三度のあいだにあり、この緯度にあたる土地全体を調査すると、おもしろいことがわかる。この部分はかつてのスーダン共和国の七倍の広さになるが、簡略化するために、この範囲にある土地の耕作条件は等しいと仮定すると、次のことがいえる。スーダンと同じく赤道よりやや北に位置する国々すべてにおいて、一九五〇年代にドイツでおこなわれていた方法で農業を営めば、世界人口つまり七〇億人分の食糧を生産することができる。

ドイツその他の産業国で農業の機械化が始まったのは、一九五〇年代終わりごろのことだ。馬や雄牛に代わって最初のトラクターが使用されるようになり、各農家の生産性は上がったが、機械類はまだ小さかったので、土壌への悪影響はそれほどでもなかった。機械化が始まったとはいえ、まだ手作業が多かった。化学肥料や農薬が広範囲に使用されるようになるのは、さらに数年後のことだ。

当時おこなわれた程度の機械化では、経済性に重点が置かれたが、生態系を大きく損なうことはなかった。社会性もダメージを受けなかったばかりか、労働条件が改善されたためにこの点も向上した。持続性の三角形という観点からみると、最良の状況になったといえる。

世界銀行の報告書の行間を読み取れば、一九八九年には世界中の農民により全世界の人口を養う以上の食糧が生産されていたことがわかる。それなのに、世界の食糧難は、農業における疑わしい開発の正当化に使われ、そのために政治家により促進されている。

この時代の技術や方法を、いまや再び苦労して伝授するとともに、新たに習得する必要がある。というのも、教えてくれる人がもはやいないからだ。

けれども、この知識を再び掘り出して盛んに活用している場所があり、それは広がりつつある。近代的方法を実施するそうした協会では、古いものを用いて新しい価値の高いものを創造している。農業と食糧供給に、持続性のある基盤を築くのに適したもの、といえるだろう。

本章の末尾に、そうしたアイディアや戦略を六つ紹介したい。

二つの地域戦略

僕の住む地域で成功している戦略の話をすると、「ミュンヘン地域ではうまくいっても、ほかの場所で通用するかどうかは疑問だな」と言われることがよくある。

事実はそれとは違う。ドイツ国内のどこであろうと、いや、世界のどこであろうと、誰かがアイディアを抱き、ほんとうにその気になれば、種をまくための豊穣な土壌がかならず見つかるはず。そのいい例がクロイトにあるテーゲルン湖地区ナチュラルチーズ製造所や、ミュンヘンのジャガイモ連合の主導者たちだ。

ナチュラルチーズ製造所については、すでに本書のなかで取り上げたが、酪農家がみずから舵を取り、協同組合を設立した。変化を望む農家が自主的に行動を起こして実現させ、現在では二三軒の酪農家がチーズ製造所に牧草牛乳を納入している。

牧草牛乳とは、干し草または牧草だけを餌とする牛のミルクのことで、サイレージ（飼料作物をサイロで発酵させたもの。草やトウモロコシを含む）は使われていな

ナチュラルチーズ製造所。牧草牛乳から手づくりされる

い。じつは、テーゲルン湖地区ナチュラルチーズ製造所の成功の秘密はここにある。バイエルンの山岳地帯の農家といえば、人々は〝生乳アルペンチーズ〟を期待するが、これには牧草牛乳のみが使われるからだ。乳牛がサイレージを餌として与えられれば、牛乳に細菌が含まれるため、チーズが成熟を始めて約六週間後に内部からガスが流出し、チーズに割れ目ができる。この細菌には危険はなく、多くの食品に自然に含まれているが、ガスを生成するために生乳アルペンチーズには適さない。

この微生物を殺すには、七二度で低温殺菌すればいい。だが、それによりこの特定の細菌だけでなく、生乳を健康にして価値を高めてくれる細菌の大部分が殺される。それはテーゲルン湖地区ナチュラルチーズ製造所の望むところではないため、酪農家は飼料に気を配らなければならない。

また、搾乳の際も、牛乳を加工所で低温殺菌させる農家より衛生面ではるかに徹底させなければならない。生乳チーズの製造は相当な時間と労力を要する手仕事なのだ。チーズ製造親方は、季節による牛乳成分の変化を記録し、製造の際にそれに随時対処しなければならない。

そのようにして製造された生乳チーズは、低温殺菌牛乳のチーズより販売価格で一キログラムあたり二ユーロ高い。一キログラムのチーズには約一〇リットルの牛乳を必要とする。生乳チーズの付加価値を二ユーロとして牛乳一リットルあたりに換算すると、手作業でおこなわれる生乳チーズ製造では、低温殺菌牛乳を使う工業化したチーズ製造所と比較して牛乳一リットルあたり二〇セントよけいにもらう。この二〇セントで、酪農家に公正な価格を支払い、職人に公正な賃金を出すことになる。おそらく販売経路を簡略化し、仲介業者を減らす必要もあるだろう。

数十年前までは、協同組合に加入するのは当然で、必要なことでもあった。経済的にはもちろんのこと、生態系や社会性の点でも改善できたからだ。この産業形態は時とともに過去のものになったが、近年になって復活し、ドイツその他の産業国各地で協同組合が設立されている。

最初の協同組合はすでに中世に存在したが、当時はイギリス国内だけで数も少なかった。一八世紀になると協同組合は世界中に設立されたが、二〇世紀末までにその数は大きく減り、少数の農業組合を残すだけとなる。よくある農業関連協同組合といえば、高山牧場、酪農業、用水、狩猟、森林業など。

もう一つは協同組合銀行だ。フリードリヒ・ヴィルヘルム・ライフアイゼンは多数の協同組合を設立したが、その目的は資力のない農民に資金を貸し付けることだった。このいわば農家援助施設から生まれたのがライフアイゼン銀行であり、ドイツとオーストリアの協同組合銀行はすべてライフアイゼン銀行が元になっている。

二〇〇〇年代初頭には、銀行の要請でドイツの協同組合法が改正された。最も重要な変更は、投資者も加盟できるようになったことにある。それまで加盟が許されていたのは組合の職種を直接利用する人だけだったが、改正後は組合に投資したい人も加盟できるようになった。協同組合に利益があれば、配当金の形で加盟者に支払われる。そのため、改正によって協同組合の加盟者構造は株式会社に似たものとなり、設立目的には興味を持たず配当金だけをねらう投機家に利用されるのではないか、という憶測もあった。

しかし、そのようにはならない。協同組合に加入または脱退するのは株式会社の場合よりはるかに厄介だし、株式会社との大きな違いがそのほかにも二つあるからだ。一つには、協同組合内で投票をおこなうとき、シェアの所有量とは無関係に各人一票しか持たないこと。もう一つは、投資するために加盟したメンバーは、協同組合内の投票権を持たないか、あるいは投資者側全体で最大一〇パーセントであること。配当額は最終的には加盟者により決定されるため、大部分の投機家は株式会社を選ぶ。

テーゲルン湖地区ナチュラルチーズ製造所の現在のありかたが可能になったのは、協同組合法改正のおかげだ。いまでは二三軒の酪農家と一五〇〇以上の投資者からなるが、改正前は投資者たちが加盟することはできなかった。彼らがチーズ製造所設立に関与したのは、配当金という形で手っ取り早い利益を得るためではないことは間違いない。経済性や生態系、さらに社会性にプラスとなるとともに、農家と消費者を結びつける誠実かつ透明なシステムが形成されることに、彼らが気づいたからだ。

経済面のメリットは、牛乳に対して酪農家に公正な代金が支払われること、チーズ製造資格を持つ職人四〇名が雇用され、公正な賃金を受け取ること。生態系のメリットは、組合の運営により乳牛や高山牧場が確実に管理されていくこと。社会性のメリットは、農家どうしのつながり、農家と消費者のつながりがあらたに生じること。しかし、何よりも意味が大きいのは、酪農家がチーズ製造所を再び一〇〇パーセント支持するようになり、たがいに相手に誇りを感じていることではないだろうか。

数年前の状況はそうではなかった。

コミュニケーション学者ダニエル・ユーベラルと経営学者シモン・ショルがそのアイディアを話し合ったのは、二〇一三年初頭だった。二人の学者は、出身地であるミュンヘンの人々は土地とのつながり、とくに農業とのつながりを失っていると感じた。ミュンヘン郊外で栽培可能な野菜や果物が、世界各地から輸入されて売られているのはなぜか、と考える人はいないように思われた。しかも、スーパーで買い物すれば、大量の包装材がごみになる。このプロセスに対処しようというのが二人の考えだった。

農業の知識はなかったので、彼らは協同組合に運営をゆだねる用意のある農家やガーデナーを探すことにした。経営法を〝連帯農業〟モデルに切り替えてもいいという農家、ともいえる。彼らがクリエイティブにアプローチして固定観念を抱かずに探求できたのも、農業への知識がなかったからかもしれない。こうして、いくらもしないうちに目当ての農家が見つかった。

連帯農業に参加してもいいと申し出たのは、ミュンヘン西端にあるガーデナーで、数週間後に単身者を含む数世帯が同調して〝ジャガイモ連合〟は誕生した。加盟した家族には、週に一度、新鮮な野菜と果物の入った箱を〝わが家の〟ガーデナーから配達される。代償として毎月一定額を協同組合に支払うが、その値段は有機農産品店における価格レベルを下回るものだった。そして、それこそがジャガイモ連合の持つ価値でもあるわけで、野菜や果物は本来の高い価値を取り戻したことになる。

メンバーは月々の会費を支払うとともに、所属のガーデナーや農家の被雇用者が公正な賃金を受け取るようにサポートもしている。また、希望すれば、メンバーが耕

数世帯から始まった連帯農業“ジャガイモ連合”

作の仕事を手伝うこともできるが、これは都会っ子の多くにとって困難な未知の世界であるばかりか、農家にとっても厄介なことだった。それでも結果的には双方に豊かな体験となった。都会人は、野菜や果物の栽培にどれだけ手がかかっているかということを身をもって体験し、農業従事者の当時の時給一一ユーロは、それまでとは違う価値を持つようになったからだ。

毎週配達される箱の中身を多様化するために、さらに数軒の農家と製パン業者が配達契約に合意した。こうして、どの野菜がどの季節に育つかということを、加盟者は初めて考えさせられることになる。キュウリの季節になると、箱のなかにキュウリが五本も六本も入っていて、何に使ったらいいかも考えなくてはならない。冬季にも種類の豊富な野菜が手に入ることを知るのは、興味深い体験でもある。

それに加えて、野菜とともに情報が各家庭に届けられるようになった。配達される野菜にまつわるちょっとした知識やレシピとともに、ジャガイモ連合の最新情報を掲載した〝ジャガイモプレス〟が毎週発行された。さらに〝ジャガイモ講座〟が開催されて、連帯農業が日々取り組んでいるさまざまなテーマについての情報を得る機会もある。

残念ながら、当初のガーデナーとジャガイモ連合の協働は二年弱で終わりを迎えたが、ほどなくミュンヘンから約二〇キロメートルに位置する修道院組織の農園が加盟した。この修道院の敷地には、身体の不自由な人のためのワークショップもあり、その何人かは農園の仕事にも従事している。それは、協同組合の構想にぴったりの大きなメリットだった。

現在、ジャガイモ連合はミュンヘン市内の七〇〇世帯に野菜や果物を配達している。残念ながら修道院との協働も長くは続かなかった。ある建築コンテストの一環で修道院の敷地一帯が再計画の対象となり、農園全体を取り壊す可能性すらあったほどだ。そのような不安定な状況では、協働を続けるわけにはいかない。ダニエルとシモンは別の農場を探して購入し、そこで以前の二倍の世帯に農作物を供給できるようになった。

連帯農業を始めようという当初の発想から、独立した協同組合の形態をとるさまざまな連帯事業設立のアイディアが発展した。連帯製パン業、連帯幼稚園、連帯高齢者住宅、もしかすると連帯民宿すらあるかもしれない。そうなると、農家を中心とするプロジェクトだったジャガイモ連合が市町村プロジェクトに成長するのも遠い未来のことではあるまい。多数の独立の協同組合があって、加盟者が選択できるような町。それらの上に、各協同組合の諸問題をコーディネートする協会があり、ある協同組合が経済的理由から存続できなくなったとしても、ほかの組合に影響することはない。

この構想は、ロブ・ホプキンスの提唱したトランジション・タウンを思わせるが、これは見たり触れたりできる現実ではない。加盟者がいて、連帯があるからこそ定義できるもの。農家、パン屋、教師、保育士、看護師、介護士……それと、消費者を含む、みんなの連帯。裕福な人たちやあまり裕福でない人たち、ぜんぜんお金のない人たち（従来型の多くの町では、存在は所有物により定義されたため、ほんとうには存在しなかった人たちといえる）を結ぶ連帯。そしてもちろん、組織内の各農家、各パン屋、各看護師と消費者の連帯。各消費者は、社会のなかでほかの機能も果たしているので、共感が生まれて社会的連帯感へと成長する。

ミュンヘンのジャガイモ連合は、たくさんの同様な企画の設計図となってほしいものだ。模範となることは、まさに構想の一部だから。

ライナー・マリア・リルケの詩をここで思い出してみよう。

この詩に描かれているヒョウは、檻の格子しか目に入らず、その向こうの世界はすっかり失われてしまった。僕らもそれと同じで、世界をあるがままに見ようと努力を重ねるうちに、世界がなる可能性のある姿を見ることができなくなった。だが、檻の格子の向こうの世界は、実際にある。それは、もしかすると檻の手前の世界ということも？

ハインリヒ・シュタウディンガーはリルケの詩に数行書き加えて、絶望的な終わりに希望に満ちた変化を与えている。

跳べ、ヒョウよ！
格子を越えて跳ぶんだ。
中心をめぐる力で。

跳んでくれ！

お願いだから！

これと同じく、僕もみなさんに勇気を持って跳んでほしいと願っている。一度でうまくいかなかったら、もう一度やってみればいい。向こう側の世界がこちら側の世界になるように。これを見つける価値はある。

変化はとっくに始まっている。変化を促進するには、みんなの力が必要だ。

〈実践マニュアル12〉
驚くべきジャガイモ増殖

　ジャガイモといえば、ドイツ人が最も好んで食べる野菜。ジャガイモは一六世紀ごろに南米を出発してヨーロッパを席巻する。スペインに到達したのは一五七〇年、ドイツにおけるジャガイモ栽培についての最古の記録は、一六四七年に由来する。

　いまではドイツの食卓になくてはならないものとなったジャガイモ。ドイツ人一人あたりの年間消費量は五五キログラム。持ち分の二〇〇〇平方メートルの耕地のうち、ジャガイモが必要とするのは四平方メートルにすぎない。

ジャガイモは現在数百種類ある。マッシュポテトにはでんぷんを多く含む種類、ベイクドポテトやサラダには弾力のある種類、そのほかオールラウンドものもある。大部分は女性の名前を持っている。ジークリンデ、リンダ、デジレ、アフラ……。

　そうした名前は栽培者がつけたもので、たいていは権利も保護されている。つまり、その種類のジャガイモを栽培する場合には、栽培者にライセンス料を支払う必要がある。農園または種子業者から種芋を買えば、ライセンス料は価格に含まれている。権利保護期間が終了すれば、ライセンス料は無料になるか、売りに出されなくなる場合もある。

食用ジャガイモと栽培用ジャガイモ

　食用と栽培用、この二種の違いを理解するために、最初からみてみよう。

■春にジャガイモを土に植えると、まもなく発芽する。

■ジャガイモが芽を出すと成長は速く、いくらもしないうちに花を咲かせる。さまざまな色の塊茎（ジャガイモ）があるように、花の色もとりどりで、白色や黄色のものから赤、藤色、青といろんな色の花が咲く。

■その後、土の上部ではほとんど変化がみられない。花が咲き終わると、そこから緑色のチェリートマトに似た実ができる。数週間後にジャガイモの茎や葉は乾燥する。

■土中では塊茎が盛んに増殖する。

土壌のバランスがよく、種芋が健康で適切な天気であれば、秋に一〇ないし一五のジャガイモが収穫できる。たった一個の塊茎から。

植えるのは、スーパーで買った食用のジャガイモでも、ガーデニング店で買った栽培用ジャガイモでもどちらでもいい。食用のものなら、ライセンス料を払わなかったという違いしかない。

栽培用ジャガイモを植えるとき、どうやって病気を避ける？

そうか病（芋の表面に茶色の盛り上がりやくぼみができる）と、葉っぱに黒い斑点のできる病気は、最も一般的なジャガイモの病気。こうした病気を持つ種芋を植えれば、かならずといっていいほど病気のジャガイモができる。

種芋として売られているものは検査があるのでこうした病気を持たないが、ライセンスのない古い種類のジャガイモの場合、検査済みのものはほとんど手に入らない。このような種類は一般的な育種農場から入手できるが、買った芋が病気を持っている場合もある。

病気を遮断するには、ジャガイモの花が咲いたあとになる実から種子をとればいい。ジャガイモはトマトとともにナス科の植物なので、緑色のトマトの実に似ているのも不思議ではない。この種子をまけば、健康なジャガイモが育つ。

注意してほしいのは、この種子から生育するジャガイモは、この種子とともに育ったジャガイモと同じとは限らないことだ。

ハナバチが媒介するジャガイモの花

ジャガイモの花もハナバチによって受粉する。ハナバチがその前に別の種類のジャガイモの花に触れていれば、交配種ができる可能性もある。

　そうなるかどうかは試してみないとわからない。おいしい新種のジャガイモが栽培できるかもしれない。それはあなた自身の創作物なので、もちろんライセンス料を払う必要はない。

　種芋から栽培し、植えたものと同じ種類を収穫したい場合、病気を予防する方法はほかにもある。

■春になると、ジャガイモは芽を出し始める。種子を得たい種類のジャガイモを冷暗所に置き、芽が三センチほどに伸びたところで折る。それを土の入った植木鉢に植え、先端だけが土の上に出るようにする。

■この芽から、秋には健康な同種のジャガイモが収穫できる。

■翌年に、これを再び種芋として利用すると、驚くべき増殖があらたに始まる。

ジャガイモの貯蔵

■ジャガイモは洗わず、霜のおりない冷暗所に貯蔵する。表面についた土は光から保護し、芽が出るのを防いでくれる。

■いくつかの種類を貯蔵する場合、早々に芽を出す種類から先に使うことをおすすめする。

　芽を出すまでの期間が長い種類は、長期間貯蔵できる。うちではリンダという名の餅っぽい種類が五月上旬ないし中旬になってから芽を出すので、六月上旬まで自家製のおいしいジャガイモが楽しめる。

たった１個の種芋がいくつものジャガイモになる

よりよい世界にするための六つのアイディア

1．連帯農業

またしても奇妙で魅力のない言葉、と思うかもしれない。

「連帯農業（Solidarische Landwirtschaft）」は、英語の「Community Supported Agriculture（ＣＳＡ）」のドイツ語訳だが、「地域社会に支援された農業」という直訳のほうが内容的にはぴったりだと僕は思う。もちろん、名前がどうあろうと趣旨は変わらない。

連帯農業においては、個人または家族が農場経営の費用を出し合い、その返報として収穫を分配する。個人的な接触により、工業化されておらず市場に依存しない農業の持つさまざまなメリットを、生産者と消費者の両方が体験する。

実際にどう機能するか、例をあげてみよう。消費者が農家に、特定の野菜または果物がほしいという希望を伝えると、農家は詳細な栽培計画を作成する。たとえば、固定交配種のトマトを栽培する場合の費用はいくらで、種のトマトを植えた場合はいくらか、といったこともそこに含まれる。

消費者は農家と相談して、どの種類の作物を栽培してもらうか決定する。栽培計画に記された予算額は、消費者が共同で負担する。

この方法により、農家の収入と支出は保証され、消費者は希望する品物を、最高の品質で受け取る。もちろんビジネスリスクはみんなで負担する。農作物の大部分が雹にやられれば、農家だけではなく消費者も損失を被ることになる。スーパーで買い物するのとぜんぜん違うもう一つの点は、消費者がほしいときではなく、農作物が熟して収穫に適したときに手に入ることだ。

別の言葉で表現すると、連帯農業とは、持ち分の二〇〇〇平方メートルの耕作を農家に依頼するとともに共同決定するチャンスを消費者が持つことでもある。そうすることで、市場経済の法則は不意に力を失う。野菜、果物、牛乳、卵、肉……といった食品の値段はなくなり、代わりに価値を取り戻す。農家および仕事に従事する人々は、関係者全員で決定した賃金を受け取る。労働する人々が中心となるので、こうした農家がふつう結ぶ労働協約のことを考える人はいなくなる。

現在ドイツにおける公式な連帯農業は三〇〇を超えるが、プライベートに組織して活動を公開せず、そのため未登録のグループがかなりあると考えられる。

連帯農業の運営法はさまざまで、協会または協同組合の形をとることもあれば、組織形態がない場合もある。メンバーが月に数時間仕事をすることもあれば、一定額の〝チャージ〟により仕事が免除されるケースや、仕事の義務がないケースもある。

また、あまり裕福でない人や無収入の人も参加できる連帯農業は多い。メンバーの自由寄付金による補助や、低価格での引き渡しなど、豊かな想像力が発揮されてい

連帯農業において、収穫は生産者と消費者双方に分配される

る。

連帯農業は、農家と消費者のつながりを取り戻す最も手近なチャンスといえるかもしれない。そのおかげで微小農家も安定して存続できるし、消費者は価値の高い食品を手に入れる。しかも、消費者は食品にまつわるたくさんの知識を得ることになる。

連帯農業には有益な価値を知るチャンスがいくらでもある。協働、分かち合い、価値尊重……といった有益な価値を。

2．食べていい町

耳にしただけで想像力を羽ばたかせてくれる表現だが、〝食べていい町〟はすでに多数存在する。ドイツ初の〝食べていい町〟はラインラント＝プファルツ州アンダーナッハ市。コブレンツから一五キロメートルほど北西に位置する。

人口三万人を擁するアンダーナッハ市では、別世界のヴィジョンがすでに現実となり、「立入禁止」の標識は「ご自由にお取りください」に変わった。町の中心部にある城址の周囲に野菜と果樹が栽培され、郊外に一三ヘクタールのパーマカルチャー農場がつくられた。ニンジン、豆などの野菜、果樹、ベリー類、垣根仕立ての植物、ハーブなどが都市の緑地に栽培され、完全に新しい知覚空間が生まれた。

そこでは、毎年一つの農作物に重点が置かれる。二〇一〇年には、城壁のそばに一〇〇種類以上のトマトが栽培され、その翌年にはやはり一〇〇種類以上の豆類、二〇種類のタマネギ、多種多様なキャベツ類の野菜、といった具合に。すぐそばのブドウ園のブドウは自由に食べることができる。

アンダーナッハ市は、地域特有の植物や珍しい種類の植物の栽培、生物多様性促進をとくに支援している。ちょっとした場所さえあれば野菜や果物の栽培に使われ、一時的な空地なども利用されている。

けれども、それだけではない。食べていい町は、規格化された持続性のある緑地帯計画の一環でもある。複作をやめて手入れの簡単な単作をおこなうことにより、生態系と生産性のメリットが結合される。

アンダーナッハ市を食べていい町にしようというアイ

アンダーナッハ市の城跡のそばに広がる畑

ディアは、地理生態学者ルッツ・コサックおよび庭園設計技師ハイケ・ボームガーデンにより二〇一〇年に提唱された。その構想は、率直かつ協力的な市当局にサポートされて、同年に実行に移された。

食べていい町には、このほかにも目や舌で感じることのできないメリットがある。公共の緑地を利用して野菜や果物を植えたおかげで、市の公共用地管理費がなんと八〇パーセント減少したのだ。長期失業者や、近年増加した難民にも、食べていい町は歓迎されている。ドイツの制度である「一ユーロジョブ（失業者や難民が時給一ユーロで公共施設の手入れや清掃などをおこなう）」の枠内で畑仕事をして、野菜や果物をただで持ち帰れるからだ。こうして生活に意味と質が戻ってくる。

それとともに、市民の思考にも本質的な変化が起き、公共用地への強い興味が芽生えた。帰宅の途中で無条件かつ無料にトマトやキュウリやリンゴをもいで夕食に使えるというのは、ほんとうに斬新で生活を豊かにしてくれるものなのだ。ついでながら、公共の場所が再び出会いとコミュニケーションの場になった。

こうしてアンダーナッハ市の公園、道路わき、環状交差点のいわゆる中央島などに野菜や果物が成長するとともに、市民のあいだに新しい形の連帯感が生まれた。これも移行の一つの形といえるだろう。

3. アーバン・ガーデニング——共存のための菜園

地方の典型的な農場や菜園は知られているが、今日みられる都市の菜園は、それとはぜんぜん違っている。〝アーバン・ガーデニング〟というキャッチフレーズで、いま公共の土地に次々と植物が植えられている。

二〇一五年、世界的に都市人口が地方人口を上回ってからというもの、アーバン・ガーデニングはますます意味を持つようになった。

アンダーナッハ市の場合は市の事業だが、似たような菜園がいたるところに個人の手でつくられている。ハーブ、レタス、トマトなどを植えたプラスチック容器が裏庭にごろごろと置かれていたりする。野菜もあれば観賞用植物もある。水平方向の菜園はもはや時代遅れで、いまどきの菜園は縦方向に広がっていく。

ここでもありとあらゆる想像力が発揮され、アフターファイブに数人が町のどこかで落ち合って、粘土団子を土に埋めることもある。さまざまな種類の種子を粘土や肥料でかためて団子にしたものを、ドイツ語では〝種子爆弾〟と呼ぶ。最も平和的な爆弾投下といえるだろう。数週間後には野の花が咲き乱れ、町に住む人々だけでなくハナバチも大喜びだ。

また、難民流入の背景としても、アーバン・ガーデニングは目下のところはるかに大きな潜在力を持つ。都市の菜園のおかげで人々は日常性と自立性を取り戻しつつある。人の役に立つことができ、食糧を自分の手で獲得する人の心には、まったく異なる自尊心と生命感が発達するので、社会の一員となるのがやさしい。多文化が共存する菜園では、〝統合のためのガーデニング〟という概念がすでに現実化している。

自分で野菜や果物を育てれば、難民ばかりでなく僕らのなかにも安心感が生まれる。

食品を自分で生産できる人は、自立した生活を送るようになる。また、市場に依存せずに生活できることや、世界中にのさばる影響されやすい供給システムから自由になれることがわかれば、安全性も得られる。アーバン・

ガーデニングをするようになった人たちのなかには、〝レジリエンス〟を思う人も少なくあるまい。これは〝回復力〟ともいえるし、〝外部干渉への耐性〟ともいえるかもしれない。

4. 地域貨幣

〝ヴェルグルの奇跡〟なるものを聞いたことはあるだろうか？ ちょっとしたアイディアから不可能がほんとうになる場合もあることを示してくれる、目からウロコが落ちるようなできごとといえるだろう。

チロル州（オーストリア）のインタール渓谷に位置するヴェルグル市では、ミヒャエル・グッゲンベルガーという人物が一九三一年から一九三四年まで市長を務めた。ヴェルグル市はセメントおよびセルロースの主要メーカーのおかげで裕福になったが、一九三〇年代初頭に世界恐慌のあおりを受けて生産が落ち込むと、失業率が上昇した。市の税収が激減した一方で、失業者ばかりか第一次世界大戦中に負傷した人々を経済的に援助しなければならない。一九三二年に市の財政は底をついたが、悲惨な状況はいっこうに終わりそうになかった。

そんなとき、グッゲンベルガー市長は、ドイツ人実業家・経済学者シルビオ・ゲゼルの理論を思い出した。ゲゼルが一九二〇年に提唱した自由経済理論は、財産および土地の所有あるいは貿易権の独占化を助長することなく、自由で安定した市場経済を目指すものだ。そこには、完全雇用を基礎とすることも含まれる。この理論の一部が自由貨幣論で、カネもほかのあらゆる物質と同じ自然の法則に従うべきだというものだ。商品を保管すれば、コストと減価が生じる。カネもそれと同じであるべきだ、と。

シルビオ・ゲゼルの理論に傾倒したグッゲンベルガーは、ヴェルグル市にも自由貨幣を導入することに決めた。こうしてできたヴェルグル・シリングは一九三二年七月下旬から使用が開始され、市の職員の給与、失業者や傷痍軍人の手当て、すでに立てられていた多数の建設計画の費用などにあてられた。これはいわばヴェルグル市の信用証書で、元の価値は一カ月に一パーセントの割合で失われる。所有者は、元の価値を得るために代用貨幣を買わなければならない。自由貨幣を受け取った人は、価

キーム湖周辺で使われている地域貨幣・キームガウアー

値が下がる前に手放そうと一生懸命になるというわけだ。

この実験は成功し、ほかの地域は恐慌の影響で苦しんでいたが、ヴェルグル市ではカネが循環し、経済活動は活発化した。ほかの地域では失業率は上昇を続けたが、ヴェルグル市の失業率は、一四カ月の自由貨幣使用期間に大幅に下がった。ひじょうに有望なこの展開は、当時〝ヴェルグルの奇跡〟として報道された。

興味を持ったほかの市が同じことを実施しようとすると、オーストリア国立銀行が裁判所に対し異議を申し立てた。銀行券および硬貨の発行権は国立銀行のみが持つからだ。結局この実験は禁止され、一九三三年九月にヴェルグル・シリングは廃止された。

その後、多数の経済学者、社会学者、心理学者がヴェルグルの実験について研究を重ねた。バイエルン州プリーン・アム・キームゼーにあるキームガウ・ヴァルドルフ学校第一〇学年クラスが〝ヴェルグルの奇跡〟を学習テーマとして取り上げたのは、それから約七〇年後のことだった。二〇〇三年一月、ヴァルドルフ学校の生徒たちは、地元キームガウで企画を実行に移した。ヴェルグル・シリングをモデルとした地域貨幣は〝キームガウアー〟と名づけられ、大成功をおさめた。

現在、キーム湖周辺地区では、約六〇〇社の企業がキームガウアーを支払い媒介として受け入れ、約七〇万キームガウアーが流通している。ネットワーク内における年間総取引額は七四〇万ユーロ。つまり、一キームガウアーは一年間に約一〇回、取引されていることになる。一ユーロの年間取引は三回にすぎない。こうして地域のお金は地域の企業にプラスとなり、さらに社員にプラスとなる。キームガウアーも時とともに価値を失うので、その分はギフト券で補完される。ギフト券による収益は、地域内の社会的目的にあてられるので、みんなが恩恵を受けることになる。

キームガウアーが模範となり、現在では世界中に多数の地域貨幣が存在する。ドイツ国内だけでもすでに二〇〇以上あり、そのほか企画中のものもある。

ただし、地域貨幣はユーロと一対一であることが法律により規定されている。つまり、一キームガウアーは一ユーロに相当する。法律による多少の歯止めはあるにしても、地域貨幣が社会の移行に果たす役割は大きいと僕は思う。ユーロまたは現在の経済システムが崩壊するようなことがあっても、地域貨幣があるおかげで機能するシステムはなくならない。

地域内の循環が活発で安定していれば危機的時期を克服できることは、ヴェルグルの例がすでに示している。

5. コモンズと共有経済

「コモンズ（Commons）」と「共有経済（Sharing Economy）」は、現在の社会的移行の特徴を概念的および内容的に最もよく表す言葉ではないだろうか。

「コモンズ」は「共有地」の意味で、みんなが共有し、みんなで使うべきものだ。この比較的新しい言葉の背景にあるのは大昔の習慣で、ドイツ語の「アルメンデ（Allmende）」、つまり共有の牧草地がそれに相当する。この牧草地はみんなのものだから、みんなが使えるというわけだ。

もちろん当時もルールはあって、アルメンデを誰かが利己的に利用してほかの人たちにとってデメリットになることを防いでいた。そうしたルールは、現代版アルメンデにとっての模範といえる。世界の海洋、日光、森に生えているキノコのほか、インターネット、Linux やOpenOffice といったフリーのコンピュータ・プログラム、または連帯農業における農園などがそこに含まれる。連帯経済がどのような形をとるにせよ、基本的にはみなコモンズ企画といえるかもしれない。町の小さな売店、飲料水供給施設、公共住宅などもコモンズの世界に属する。

「共有経済」は、存在する資源をできるだけ多くの人が利用できるようにして、最大限に活用するということだ。

この経済的思考から、近年になって巨大な産業が発達し、ありとあらゆるものが共用のために提供されるようになった。車、自転車、アパート、さらに家屋も共用できる。インターネットで探せば、それこそ何でも見つかるだろう。現在のレンタル業界を見れば、当初の利他的な思考とはかけ離れてしまっている。

善意からであろうと商売目当てであろうと、ものを共用すれば、基本的に資源の消費量は少なくてすむ。余った食品を捨てる代わりにネットをとおして無料で提供すれば、プラスになる。自動車は一日平均二二時間、使用されない状態にあるが、使用を最適化することにより生産量を減らせるはずだ。

共有の場を利用する、またはものを共用する――この二つには結びつけの効果がある。あなたや僕と同様に考える人々を結びつけてくれる、すばらしい可能性。

現在では、無条件で時間を提供してくれる人もいる。

ものや場所、時間を供有することで、人々の結びつきが生まれる

それまで会ったこともない人と数時間を過ごしてもいいと考える人たち。なぜかというと、自分と同様な考えを持つ人たちと知り合うことが楽しみだから。

それなのに、移行はまだ本格化していないと言う人がいる。

6. トランジション・タウン

トランジション・タウンを訳せば、「変化しつつある町」または「移行中の町」となるだろう。この運動を主唱したのはイギリス人でパーマカルチャー活動家のロブ・ホプキンス。彼は、アイルランドのキンセール大学に全日制二年課程のパーマカルチャー講座を開設した。

二〇〇四年、初めて石油ピーク（石油の産出量が最大となる時点）のことを知ったホプキンスは、学生たちとともに世界初のトランジション・タウンの構想を立てた。

彼は、気候変動という難題に対して国内政治も国際政治も十分な反応を示さないという印象を受けたので、パーマカルチャーの原理を町の社会構造およびインフラに転用することにした。この原理を使えば、農業システムにしろ社会システムにしろ、自然の生態系と同様に効果的に機能すると考えたのだ。パーマカルチャー的思考は、地域経済をおのずと強化するので、それがさらに石油、石炭、天然ガスといった資源の消費を減らすことにつながる、と。

地域経済では匿名性が低いので、閉鎖循環型の小さな流通が再活性化される。

こうして、二〇〇五年末にアイルランドのキンセールが世界初のトランジション・タウンとなった。ホプキンスは、その後まもなく故郷であるイギリスのトットネスに戻り、ここをトランジション・タウンに移行させる。旧公爵領デヴォンにあるトットネスは、現在世界で最も有名なトランジション・タウンであり、この運動が世界に広まったのもここからだった。二〇一五年末現在、トランジション運動は世界中に二〇〇〇カ所以上にのぼる。どれも独創的で、町全体を移行させるもの、町のなかの一部にトランジション・タウンをつくるもの、さらにはヴァーチャル・タウンもあって、人々はネットでコミュニケーションする。市や町の連帯企画もあれば、数人による運動もある。

いずれにせよ、トランジション・タウン運動では、本書ですでに言及した例がすべて見つかるだろう。農業、町の小さな売店、図書館、幼稚園、高齢者施設、といったグループが、共同により組織され実行される。公共の緑地に野菜や果物が栽培され、誰でも収穫できる。公共のワークショップがあって、故障した機器類を各人持ち寄って修理する。さまざまな分野の専門知識を持ち、長年の勤務により経験を積んだのちリタイアした人たちが、無償で知識を分け、修理を手伝ってくれる。地域通貨が使われることもまれではなく、それによりお金は地域内で流通する。

当然のことだが、トランジション・タウンの市民はそうした個々のプロジェクトに参加する義務はない。それでも、このようなプロジェクトがいたるところで目につくようになれば、それまでの視野を超えて思考するようになる人がもっと出てくるのではないか。それは、プロジェクトに参加したり行動を変化させたり、といったことにつながる。

僕の耳にはおとぎ話にも聞こえるが、トランジション・タウンは実際に存在し、増加の一途をたどっている。

エピローグに代えて
農場におけるある秋の日
――目で見て収穫「成熟した!」

すべて適応し、満足する
ただし、期待して待つこと
あなたの幸福がもたらされるのは
年月と耕地のおかげ
いつの日か、穀物の成熟したにおいを感じ
心を開いて収穫物を奥深い貯蔵庫に運び込むとき
まで

――クリスティアン・モルゲンシュテルン
(ドイツの詩人・作家)

一〇月のある火曜日。子どもたちが学校に出かけると、妻と僕はゆったりとコーヒーを飲みながら、今日の仕事について話し合う。種まきカレンダーによると、「根の日。午後三時まで」とある。そう、根っこを収穫する日。

今週はヘルパーが二人、農場の仕事を手伝ってくれる。二年前に保護者なしでドイツに亡命したアフガン人の若者で、現在職業訓練中だ。彼らが朝八時半に自転車で農場に来ると、ジャガイモ収穫の手順について相談する。ここに来てまだまもないことを思うと、二人とも驚くほどドイツ語が上達している。ジャガイモ栽培と収穫の方法については、故郷で経験している。鋤または単純なジャガイモ収穫機で土を掘り起こし、あとは手で集める。違いといえば、アフガニスタンでは鋤を牛二頭に引かせるのに対し、うちでは一九五〇年に製造された耕運機を使うこと。

収穫を始める前に、彼らといっしょに家畜の世話をする。春より数時間遅い。朝六時といえば、いまの季節にはまだ真っ暗だ。霧は残っているが、それでも鶏とアヒルを外に出し、ガチョウはもうしばらく待つことにする。というのも、四〇羽のガチョウを外に出せば相当な量の排泄物を出すが、いたるところにされては困るからだ。ガチョウが豚や牛とともに自由に移動できる場所は六ヘクタールの広さがある。けれども、この牧草地は森と接しており、今日のように朝霧の濃い日には、ずる賢い狐が大胆になり、日中にも隠れ家を離れるかもしれない。外に出すのを少し遅らせても、夕方に全員が戻ってきてくれるほうがありがたい。

二人の実習生が熱心に仕事してくれたので、六種類のジャガイモの収穫は昼までに終わった。

おかげで午後にはニンジンの一部を収穫することができた。からの木箱とひと山の砂はすでに用意してある。ニンジンを土から引き抜き、葉っぱを切り落とす。箱の底にまず砂を敷き、その上にニンジンを並べる。このとき、ニンジンどうしが触れ合わないようにする。冬のあいだに一本のニンジンが腐り始めても、こうすればほかのニンジンに〝移る〟ことはない。並べたニンジンの上に砂をかけ、ニンジンを並べ、また砂をかける。箱がいっぱいになったら、次の箱に同じようにニンジンと砂を入れる。

箱の一つには、形がとくにきれいで、大きすぎない程度に大きく育ったニンジンだけを入れる。これは、翌年に土に植えて種子をとるためのものだ。こうしてできた種子には、形よく適度な大きさに育つニンジンの情報が含まれ、そこから同じようにきれいなニンジンが育つことを願って。今年まくニンジンの花序は、きのうすでにとってある。きのうは実の日、つまり種子の収穫に適した日。種子のついた花序は乾燥させ、冬になって寒さが厳しくなり、雪が降り積もるころ、暖かい室内で種子を花序から取り、ガラス瓶に入れて保存する。

今日できることはまだいろいろあるけれど、若者たちの故郷であるアフガニスタンで、農作物収穫の日がどのように進行するかが知りたい。妻と僕と彼らの四人でお茶を飲みながら、彼らの話を聴く。そうした話から、彼ら自身と同様に僕らにも学ぶことがたくさんある。彼らが故郷で営んでいる農法が価値の高いものであることを、僕はことあるごとに表明した。

当然のことながら、この地域で使われる巨大なトラクターを、彼らも毎日のように目にしている。いまの彼らには、故郷で先祖が営み、彼らもおこなってきた農法がばからしいものに思われることもあるだろう。なにしろ穀物畑で穂を刈ってから家に運ぶまでに何日もかかるのだ。そこでは、六頭の牛に引かせて石臼を回転させることで脱穀をおこなう。

池のほとりで話し合う時間も、大切なものの一つ

同じ仕事をするのに、ここでは重量にして何トンもあるコンバインが使われる。広大な穀物畑を五〇〇馬力の自脱型コンバインが移動して穂を刈り、数分後には脱穀されて藁は後部から吐き出され、穀物はグレンタンクに送られる。そのような光景を見たときの二人の若者の気持ちは、おそらく感嘆と羨望の入り混じったものではないだろうか。

地面を酷使して大量生産をおこなう農業。過剰な品物は国外に輸出されて安価で売られるため、地元の農民の生活を破壊させる。これが、彼らの感嘆する農業の代価だということを理解してもらいたい。彼らの故郷でおこなわれている農業のやりかたは、地球の将来とその住人たちにとってものすごく重要なんだ、と僕は伝えた。彼らがいつかは不安なしに故郷に帰れることを願っている。彼らがそうすれば、親戚や知人に、このやりかたはすごくいいんだ、と言ってあげることができるし、いくつかの新しい刺激を持ち帰って実行できるだろう。

こうした会話は僕らにとってじつに重要だ。場合によっては仕事そのものより価値がある。しかも、明日も根の日だということもある。こうして生態系、経済性、社会性をうまくバランスさせた収穫日を、みんなでいっしょに過ごすことができた。

雨がぽつぽつと落ちてきたので、いつもより三〇分早いけれど二人のヘルパーを帰宅させることにした。濡れずに帰ってほしいし、今日のできごとの印象をしばらく感じてほしかったから。

僕と妻はしばらく座ったまま、雨のもたらした新鮮な空気を味わった。雨と新鮮な空気は、動物たちにも心地いいのだろう。雨が降ってもぜんぜん平気らしく、木陰に逃げ込むことなく草を食んでいる。これは、たいていはこうしたにわか雨がじきにやむしるしだ。

これから家畜小屋での動物たちの世話に三〇分強かかる。鶏とガチョウに餌をやり、産卵床から鶏の卵を取り、ヒヨコたちに餌を与える。一〇日前に四二羽のヒヨコがかえったが、今年の孵化はこれで終わった。クリスマス用に屠るのにちょうどいい。次に卵を孵化器に入れるのは二月になってから。腹をすかせた小さなヒヨコたち。産毛は早くも白い羽根に移行し始めている。

次は豚で、とりたてのニンジンをやると喜んで食べる。あとは牛と馬のようすを見て、柵を点検する。いつものことながら、柵の力はすごいと思う。牛や馬のような大型動物が、細いワイヤーがあるだけで外に出ようとしないのだから。彼らが畏怖するのは、ワイヤーに触れると電気が流れてびりっとするからだが、彼らの力をもってすればワイヤーなどたちまち切れて自由になれるはずなのに。僕は、馬の放牧地から家に向かいながら、人間もこれと同じなんじゃないかな、と思った。ただし、僕らはこれを柵とは呼ばず、見た目も違うけれど。

これで今日の仕事は終わった。終業時間は春よりずっと早い。外はまもなく真っ暗になるだろう。自然がいたるところでそうするように、僕らも今日、冬支度をしたのだ。それから、暖かいリビングに行く前に妻のマリアとともに池のほとりのベンチに腰をおろして、今日片づけた仕事のことや、二人のアフガン人が語った内容などについて話し合う。この瞬間、僕らははっきりと感じた。地球上に住む人間全員がグッドライフを送ることは可能だ、と。そればかりじゃない。そこへの道は、僕らが考えているよりずっと短いに違いない、と。

訳者あとがき

一〇月半ばのある水曜日、ボーア農場を訪れた。その前の週にはドイツは暴風雨に見舞われ、北部では死者数名の犠牲が出たが、その日は夢のような快晴となった。〝夢のような〟という表現には、バイエルン州の景色の美しさも一役買っている。テーゲルン湖地区といえばリゾート地として知られ、ホリデーアパートやホテルがいたるところにある。

私はスイス中部に位置するツーク州に住んでいるので、ボーア農場のあるオーバーバイエルンまで車で五時間程度。ボーア農場では木曜から土曜までファーム喫茶とファームショップが開かれるため、水曜の午後は猫の手も借りたいほどの忙しさであるにもかかわらず、著者は快く時間をとってくれた。

まさに〝百聞は一見にしかず〟ともいえる体験。二ヘクタールの農場やファーム喫茶、家畜小屋などについては、本文にその成立過程を含めて詳しく描写されているが、著者に案内してもらい、じかに見てにおいを嗅ぐのは格別だ。とりわけ深い印象を与えたのは、働く豚だった。

豚が畑を耕すことは本文にも書かれているが、あんなふうに一日中土を掘り返しているとは想像もしなかった。電気牧柵で囲まれた耕地内で、八匹の豚が鼻を泥のなかに突っ込んでは前後に何度か動かす、という動作を延々とくり返している。土中に残っている植物の根っこや茎や穀粒を探しては食べているのだそうで、柵に囲まれた耕地の表面から二〇センチくらいがこのようにして徹底的に耕され、空気に触れる。豚はほんとうに一日中この作業を続けるという。そもそも豚は土を掘り起こして餌を探すために硬い鼻先を持っているわけだが、現在の産業国でこのように耕作に徹底利用されているのはきわめて珍しいといえるだろう。ボーア農場では、豚が働いてくれるおかげで耕運機を買う必要はないし、そのための電力を消費しないばかりか、自然の肥料も得られる。

著者の主眼は持続性にある。環境を損なわないどころか、土壌を豊かにする農業のやりかた。すべて手作業なので、面積あたりに生育する植物は機械を使用する場合より多く、生産性も高い。しかも、全農作物について種子づくりから収穫まで一貫しておこなっている。植物は環境に順応するので、すでに数世代を経た種子は、標高八〇〇メートルに位置するボーア農場の気候に合っているという。生産者のこだわりといえるかもしれない。

もちろん、この〝こだわり〟こそがそもそものきっかけとなったわけだが、幼い子どもを三人抱えながら、それまで管理していた酪農場をやめて小さな有機農場をゼロから、ほんとうに未経験の状態から始めるというのは、並はずれて強い信念があってのことだ。家族や地域の人々に高品質な食品を提供するとともに、地球をできるだけ良好な状態にしたいという著者の純粋な熱意は、本書を読んでくださった方々に伝わったことと思う。

だが、著者の望みはそれだけにとどまらない。大勢の人が同じ意識を持ち、それを行動に移せば、ほんとうに社会は変化すると考えている。そうした意味でも、日本語版の刊行を心から喜んでいるそうだ。読んでくださる方一人ひとりがとても重要だから。

その日はテーゲルン湖の近くにあるホテルに一泊し、翌日、著者がその設立に尽力したナチュラルチーズ製造所を訪れた。ガラス張りの窓をとおして製造プロセスが見えるようになっており、毎朝一〇時にガイド付きで見学もできる。私が訪れたのは九時過ぎだが、店内には買い物客の行列ができていた。それからテーゲルン湖の周囲をドライブし、午後はボーア農場のファーム喫茶で軽く食事をしてから帰途につくことにした。

お客さんの数は当然のことながら天気によってぜんぜん違うそうだが、その日は好天で、ほんとうに盛況だった。著者マルクスが不在なせいもあってか、いっときは喫茶コーナーもいっぱいだし、ファームショップでは店内に入れず外で順番を待つ人もいたほどだ。これでは「お客さんと突っ込んだ会話」をするどころではなさそうだが、ボーア農場はすでにかなり有名で、リピーターもたくさんいるのだろう。私が何より感激したのは、パンのおいしさだった。数種類のパンを食べたが、どれもスパイスがマイルドに効き、しっとりとして弾力がある。もう一度このパンを食べるために、往復一〇時間以上をかけて農場を訪れる価値はありそうだ。

帰宅した翌日にお礼のメールを送ったら、その日のうちに返事が届いた。そこには、訪問に対するお礼とともに、次のように書かれていた。

「本に書いたテーマが僕らにとってどれだけ重要なことか、理解してもらえたと思う。でも、じつは僕らだけでなく、地球上に住む人たち全員にとって重要であるべきだ」

日本には、著者が理想と考える小さな農家や、愛情をこめて家庭菜園の手入れをしている方々が多い。つまり、生産性が最も高く、大きな潜在力を持つということ。畑でとれた安心な食品を身近な人々に直接提供することを始めとして、保存食に加工して販売したり、喫茶コーナーで自家製のヘルシーな軽食を出したり……といった商売のアイディアが実現するかもしれない。それとともに、持続性のある農業にどれだけの付加価値があるかをたくさんの人たちにわかってもらえればと思う。

二〇一六年秋にドイツ語版が出版されてからそれまでの一年間に、二〇〇件以上の問い合わせを受けたという。著者マルクスとマリア夫人はすでに豊富な知識と経験を持ち、大成功しているにもかかわらず、いまも勉強熱心で、機会があるたびにセミナー等に参加しているそうだ。他方では、自分たちの知識をできるだけ多くの人に伝授したいと強く願い、実習者の受け入れにも力を入れている。国民の幸福を重視するブータンも本書のなかで取り上げられているが、二〇一八年にはブータンからの実習生滞在が予定されている。

マルクスは、某デパートのジャーマン・ウィークという催しに招待され、民族舞踊を伴奏するアコーディオン奏者として、四週間日本に滞在したことがあるという。おそらくお子さんが生まれる前だと思うが、民族衣装のレダーホーゼン姿で都内の電車を利用すれば、かならずドイツ語で話しかけてくる人がいる、と聞いてほんとうにそうしたところ、「Woher kommen Sie?（ご出身はどこですか）」と実際に話しかけられたそうだ。軽く雑談したのちにホテルの名前を告げると、その日本人男性は彼の腕を取ってホテルまで案内してくれた、と愉快そうに語った。

極東の国、日本からの反響を楽しみにしているそうだ。「本書を読んでくださった方一人ひとりの意識と行動が世界を変える」……これが、翻訳者である私と夫を心からもてなしてくれたマルクス・ボクナーからの、読者のみなさんへのメッセージだ。

二〇一七年一一月

ツーク州ハーム市（スイス連邦）にて　シドラ房子

【著者紹介】
マルクス・ボクナー（Markus Bogner）
ドイツ南部の高原に10ヘクタールの農地を借り、夫婦で運営している。有機栽培、ファームショップ経営、セミナーの開催など、持続的な農業を広めるため精力的に活動している。

【訳者紹介】
シドラ房子（Fusako Sidrer）
新潟県生まれ、スイス在住。武蔵野音楽大学卒業。ドイツ文学翻訳家、音楽家。主な訳書に『その一言が歴史を変えた』『元ドイツ情報局員が明かす心を見透かす技術』（CCC メディアハウス）、『空の軌跡』（小学館）など多数。

自然を楽しんで稼ぐ小さな農業
畑はミミズと豚が耕す

2018年3月9日　初版発行

著者　　　マルクス・ボクナー
訳者　　　シドラ房子
発行者　　土井二郎
発行所　　築地書館株式会社
　　　　　東京都中央区築地7-4-4-201　〒104-0045
　　　　　TEL 03-3542-3731　FAX 03-3541-5799
　　　　　http://www.tsukiji-shokan.co.jp/
　　　　　振替 00110-5-19057
印刷・製本　シナノ出版印刷株式会社
装丁　秋山香代子（grato grafica）

ISBN 978-4-8067-1550-4